女人不能太单纯

心智成熟，才能少走弯路

胡南 著

中国华侨出版社

北京

图书在版编目（CIP）数据

女人不能太单纯：心智成熟，才能少走弯路／胡南著. —北京：中国华侨出版社，2012.9（2024.4重印）

ISBN 978-7-5113-2924-0

Ⅰ. ①女… Ⅱ. ①胡… Ⅲ. ①女性-休养-通俗读物 Ⅳ. ①B825-49

中国版本图书馆CIP数据核字（2012）第220151号

• 女人不能太单纯：心智成熟，才能少走弯路

| 著　　者：胡　南 |
| 责任编辑：高文喆 |
| 责任校对：孙　丽 |
| 经　　销：新华书店 |
| 开　　本：787毫米×1092毫米　　1/16开　　印张：13.5　　字数：150千字 |
| 印　　刷：衡水翔利印刷有限公司 |
| 版　　次：2012年11月第1版 |
| 印　　次：2024年4月第13次印刷 |
| 书　　号：ISBN 978-7-5113-2924-0 |
| 定　　价：56.80元 |

中国华侨出版社　　北京市朝阳区西坝河东里77号楼底商5号　　邮　编：100028
发行部：（010）64443051　　　　　传　真：（010）64439708
网　址：www.oveaschin.com　　　　E-mail：oveaschin@sina.com

如果发现印装质量问题，影响阅读，请与印刷厂联系调换。

前言
PREFACE

　　做一个单纯的女人本身不是错，更不是坏事，每个人都希望用可爱的单纯眼光来审视世界。单纯没什么不好，但是要学会保护自己！所以，面对社会中的一些人和事，在你无法改变他们的时候，就需要改变自己，努力让自己适应这个社会。如果不想处处碰壁，你就必须懂得一些人情世故，掌握一些交际礼仪和沟通技巧，灵活地处世。

　　有些人会问，难道我们也要学习某些人的那种耍心机，玩手段，违心、虚伪、奸诈地迎合别人，钻空子，占便宜吗？当然不是，这只是告诉人们在处世方面，在善良、真诚、宽容的基础上，也应该明白"水流不腐，人活不输"的道理。也就是做人不应始终一成不变，应该根据环境的变化以求自身相应的变化。而做事则要掌握分寸，谨言慎行，礼行天下，智慧灵活地待人接物。俗话说得好："害人之心不可有，防人之心不可无。"在这个竞争激烈甚至残酷的社会上，每个人都会有些为人处世的方法和技巧，这些方法和技巧就是我们维护自身利益的工具。

　　本书正是从日常生活、人际交往、职场和婚姻爱情等方面介绍了一些怎样才能在这个社会上扎稳根基的技巧。教你懂得如何

扩大自己的人际交往范围，通晓做人玄机，熟谙职场中的各项规则。尤其是要善用自己的优势，刚柔并济，做一个职场、情场都成熟的女人。

作为女人不能太单纯，做人做事都要有心智，这是一种人生的大智慧，是当代女性在社会生存所必备的本事和必须遵守的规则。如果你真的领悟到并且运用好书中所写的这些技巧，那么不管在任何环境中，再复杂的人际关系你也能游刃有余地处理。

目录 CONTENTS

Chapter 1　世界如此复杂，更要内心坚强
——毕业头三年决定你的一生

要想处变不惊，你必须有绝佳的适应能力 // 002
与其不停抱怨，不如调整心态 // 005
融入所在环境，你才能生存 // 008
太单纯易被社会淘汰 // 011
说话要看对象和场合 // 014
一语中的，多说话不如会说话 // 017
见人只说三分话，说明你成熟了 // 020
积极主动，付出就会有回报 // 023
帮助别人等于成全自己 // 027

Chapter 2　秀出你的大智慧，太单纯的女人注定失败
——借你一双读心识人的慧眼

适当的距离让彼此更美 // 032

别让你的热情成为他人的负担 // 035
别拿他人的悲剧当笑料 // 039
话多容易惹来是非 // 042
纯过了头，就变成了蠢 // 046
你可以不聪明，但不能不小心 // 049
学会和自己讨厌的人相处 // 052
有理也要让三分，展现君子风度 // 055
交友要慎重，切记不要太单纯 // 059

Chapter 3　内在不较劲，外在不抱怨
　　——淡定，一种不纠结的活法

人要懂得适时"低头" // 064
助人即助己 // 067
装傻也是一项技术活 // 070
学学猫头鹰，睁一只眼闭一只眼 // 073
多给别人表现的机会 // 076
收敛你的锋芒，低调做人 // 079
看懂别点破，要给别人留面子 // 083
有时吃亏就是占便宜 // 086
放低自己的姿态，巧妙示弱 // 090

Chapter 4　储蓄人脉，给自己准备机会
　　——做一个有"心智"的单纯女孩

精心编织一张捕捉幸福的人脉网 // 094
要让成功不跑掉，多个朋友多条路 // 097
良好的第一印象为你积攒人脉 // 101

多储存一些人情 // 105
结交朋友，患难见真情 // 108
别忽略那些落魄的人 // 111
用心结纳社会精英 // 113
小女子成大事的福星——贵人 // 116

Chapter 5 做人不生气，做事不受气
——从零开始学自我保护术

小心天上的馅饼，会砸坏你的头 // 120
防备卸磨杀驴之举 // 123
不要随便对别人吐露心声 // 126
防人之术是你必备的本领 // 129
远离敏感问题，小心被人当枪使 // 133
对待小人，把握好你的尺度 // 136
别被突然升温的"友情"烫伤 // 139

Chapter 6 20岁定好位，30岁有地位
——单纯女孩要懂点儿职场规则

不要把自己搞得可有可无 // 144
学一点儿"暗战"战术 // 148
说话要得当 // 151
不要小看那些"平庸"的同事 // 154
恰当适宜地赞美他人 // 156
找准属于自己的位置 // 159
不要相信所谓的"不会亏待你" // 162
杜拉拉的升职之道 // 165

对同事的不合理要求说"不" // 168
正确应对职场的软裁员 // 171
拒绝男上司的暧昧行为 // 174

Chapter 7 恋爱时不折腾，结婚后不动摇
——破解女人幸福一生的密码

优雅亮丽，穿出女人风采 // 178
培养自己独特的魅力 // 181
要想钓到鱼，就得懂得鱼的思维 // 185
要仔细辨别男人的誓言 // 188
别太在乎他的前尘往事 // 190
多给男人留些面子 // 194
如何赢得成功男人的爱情 // 197
不求最好，只求最合适 // 200
做"贤妻"更要做"美妻" // 203
打江山容易，守江山难 // 206

Chapter 1

世界如此复杂,更要内心坚强
——毕业头三年决定你的一生

❀ 要想处变不惊，你必须有绝佳的适应能力

　　我们所处的时代，是一个竞争激烈的时代，是一个优胜劣汰、适者生存的时代。在这样的时代里，等待别人的帮助或是祈求神灵的恩赐显然是不合时宜的。要想在社会上取得成功，只有知难而进，勇于主动适应社会，抓住时机，才能有自己的位置。当然最重要的还是改变自己，把自己变成适应这个时代、适应社会竞争的人。直面人生是每个渴望成功的人必须接受的挑战，也是每一个生命个体不得不面对的严峻考验。没有人天生就具备一切成功的素质，这些素质多来自于后天的学习和改变。成功的人都是能时时检查自己的人，他们总是在修正自己的弱点，总是在谋求改善自己的步骤。久而久之他们就变成了一个有主见、有毅力、有恒心、坚强的人，成功也就离他们不远了。

　　好多人在刚刚毕业之初，往往对现实的世界认识不清，仍然生活在自己想象的世界中，以为生活会按照自己设想的轨道前行。然而，在现实生活中，你却发现，自己的梦想越完美，现实就越残忍；当初的理想越高，如今就摔得越惨。

　　现实中的你是另一番景象：毕业一段时间，甚至在社会上摸爬滚打了几年后，不仅没有找到一份自己喜欢的工作，那点儿微薄的薪水甚至连自己都无法养活；凭着自己的能力和学历，满腔热情地应聘喜欢的工作，却四处碰壁；高学历、高素质的你，现在居然要给某个微不足道的小公司做杂役，简直是可笑。你所订下的实施计划，现在看来全部都不可行。即使是在成功的大路上，万事俱备，只欠东风，可让你心烦的是"东风"怎么也不来。自己本来想到东面闯荡一番，生活却迫使你不得不向西行。生活突然间变得陌生了。你就像一个被上帝遗弃的孩子，一个人孤独地工作着，无聊地生活着。时间在前行，事情总是不如你意，你开始感到无奈和迷茫，有时甚至失去了生活的勇气。

当人和社会发生冲突的时候，很多人都会有这样的心理：因为这个社会太黑暗，全是钩心斗角的人和事，我和他们不一样，我很单纯，我很有想法，我不会拍马屁，所以我被淘汰了。还有人说，去适应社会吧，有时感觉很虚伪，违背了自己的内心；不去适应这个社会吧，又显得跟周围的人格格不入，会害怕自己以后在社会上的路会比较难走。

其实，我们每个人从出生之日起，就已经在开始学会慢慢适应一切了，成长中的每一次进步也几乎都是通过"适应"来获得的。从古至今，"适者生存"一直都是亘古不变的道理，不能够适应环境者必然会被社会所淘汰。很多刚进入社会的年轻人，因为不明白这个道理，导致在为人处世中出现事事不顺、时时受阻、处处碰壁的情况发生。

李娜在一所名牌大学里面读的是美术设计，因为成绩突出而很受各个导师的青睐。但是大学毕业后，可能是因为心理上的满足感未曾消失，所以，她一直都希望自己能够进入一个文化广告公司工作。

虽然之前有不少公司打来电话，但是都被李娜一一拒绝了。在等待了一个月后，她被一家广告公司所聘请。上班的第一天，当经理找她谈话时，她说的第一句话便是要求"专业对口"，而且特别提醒经理要"充分注意到我的特长"。她反复说明只有让她到广告设计部门去工作，才能真正发挥自己的优势。

可是，经理并没有因李娜的强调和解释而改变想法，仍然安排她到了文案策划部门去工作。为此，李娜觉得很不开心，因为自己曾经如此要

求，居然还被拒绝，自己这样的人才也算是大材小用。因此，带着这种不良情绪，她进了策划部。

由于逆反心理，工作也不积极，而且给部门经理留下了很不好的印象，没过完试用期，李娜就离职了。

有句话说得好："如果你不能改变环境，那就学着改变自己。"看来，任何人要想顺利地适应快速变迁的社会，就只能从自身开始做起。只有随时调整改变自己，才能与社会保持脚步一致。

如果事情无法改变，我们可以来改变自己。如果别人不喜欢自己，是因为自己还不够讨人喜欢。如果无法说服别人，是因为自己还不具备足够的说服能力。要想让事情改变，首先得改变自己。只有改变自己，才会最终改变别人；只有改变自己，才可以最终改变属于自己的世界。

愚蠢的人抱怨世界，聪明的人适应世界。与社会环境相和谐，事业发展才能如鱼得水，反之则步履维艰。社会就像一架机器，未来与现实就像一对咬合的齿轮，自始至终紧密联系在一起。我们只有与时俱进，不断地学习适应，犹如不断地向齿轮加油，才能使这两个齿轮减少摩擦、协调运转。如今，"适应"更是"超越"一切的前提。因为没有模仿，就无法创新；没有适应，就更谈不上超越。所以只有当你足够了解周围的环境，你才能"以不变应万变"。

因此，聪明的女人一定要学着去适应这个变化极快的社会环境。只有当你学会承受一切不可逆转的事实，对那些必然的事情主动而轻松地承受，那么不管任何时候，在面对变幻莫测的社会时你都能做到"处变不惊"。

❀ 与其不停抱怨，不如调整心态

工作不顺心，你抱怨；加薪没你的份儿，你也抱怨；生活太艰辛，你还抱怨……生活的方方面面，抱怨的理由似乎随处可见。更有甚者，现在的好多年轻人经常会抱怨自己的爸爸妈妈为什么不是大款或者官员，抱怨自己为什么没有生在一线城市，而是出生在偏远的农村，抱怨家长没有本事。在他们看来，正是家庭背景不同，才导致自己和同学在找工作上的冷暖不均。

然而，年轻的朋友们，难道你以为就凭几句抱怨，这些已成定局的现状就能改变吗？回头看一看，依旧青山不改吧！说穿了，抱怨来抱怨去，这些怨气最终还是落到了我们自己身上，之前所做的一切都只是无用功罢了。其实只要努力，总能找到自己的位置的。无论你现在生活得怎样，只要你敢于面对，不抱怨过去，不抱怨命运，你就能取得成功。

亲爱的朋友们，谁都无法选择自己的出身。尽管我们无力回天，但是有些东西完全是自己可以把握的，这就是自己的信念、忍耐和努力。

有人说，当今社会，科学技术越来越发达，人类社会越来越进步，公平的事却变得越来越少。或许，这个社会没有你想象的那么美好，但绝没有你想象的那么差。社会的不公平，从另一角度看，有其存在的必然性。

没有不公平的存在，就没有社会的进步和发展，社会就此裹足不前。试想一下，人们个个都生活在一帆风顺的世界里，个个都丰衣足食、腰缠万贯，个个都理所当然地认为生活就是这样简单与公平，社会还何谈发展？人

们谈何进步？正因为社会有这样那样的缺陷，所以才迫使那些受到不公正待遇的人们为追求公正奋斗终生、死而后已。这样一来，不公平为社会发展提供了原始的动力，为人类向更高级的社会过渡准备了充分的条件。

想想中国历代农民起义，都主张"均贫富，等贵贱"；孔老夫子说"不患贫，而患不均"；孙中山则追求"天下为公，世界大同"。然而，这是一种理想，一种崇高的理想。作为一种信念，它无疑是合理的，将来，也许能变成实实在在的东西。但是现实生活中，由于各种条件的限制，目前这又是无法真正做到的。我们不能超越历史，强求公平、平等。

没有哪种生活是完美的，也没有哪种生活会让一个人完全满意，不停地抱怨只会破坏我们头脑中所有积极向上的态度。因为很多时候我们因为抱怨，因而很容易产生懈怠意识。日子久了，不但会影响我们的心情，耽误工作的进度，还会养成一种惯性，导致恶性循环。

我们做不到从不抱怨，但我们应该让自己少一些抱怨，而多一些积极的心态。因为如果抱怨成了一个人的习惯，就像搬起石头砸自己的脚，于人无益，于己不利，生活就成了牢笼一般，处处不顺，处处不满。反之，你就会明白，自由地生活着，其实本身就是最大的幸福，哪会有那么多的抱怨呢？

孟云和王阳同在一个公司上班，两个人都是刚毕业不久的大学生。虽然公司的福利待遇好，能够提供一顿免费的午餐，但是吃什么都是按照公司每日制度安排。

今天，两个人又坐在一起吃午饭，孟云刚掀开饭盒盖就开始抱怨："啊？竟然是红烧豆腐盖饭，我最讨厌了。"王阳听后什么话也没说。过了一会儿就听到孟云边吃边抱怨道："这个公司真抠门，虽然免费午餐，还不如我们自己吃呢，这么差的伙食。而且一周才吃几次荤啊，真烦。"王阳听后只是默默地说："我看你天天就只知道抱怨，有什么办法，如果想吃好一点儿的工作餐，你就只能努力爬到经理那个位置。你以为你这样光在这里抱怨，就管事儿了吗，还不是天天吃同样的饭。"

你是否已经厌倦了生活中的"红烧豆腐"了呢？如果是，那么光在背地里唉声叹气、指责抱怨，又有什么用呢？即便能解一时之气，没有实质意义上的改变也是白搭。为什么抱怨的人会说生活得这么累，因为他只看到了自己的付出，而没有看到自己的所得；而不抱怨的人即使真的很累，也不会埋怨生活，因为他知道，抱怨对自己没有任何的帮助。比尔·盖茨曾经说过："与其在那里抱怨命运，不如去改变它。"你考虑过如何适应和改变这样的命运了吗？

纵观古今中外，很多人生的奇迹都是那些最初拿了一手坏牌的人创造的。因此，我们不要总是烦恼生活，不要总以为生活辜负了你什么，其实，你跟别人拥有的一样多。放下犹豫，立即行动，那么成功就一定能属于你。

社会不是永远都公平的，抱怨和泄气只能阻碍成功向自己走来的步伐。放下抱怨，心平气和地接受失败，无疑是智者的姿态。抱怨无法改变现状，拼搏才能带来希望。真的金子，只要自己不把自己埋没，只要一心想着闪光，就总有闪光的那一天。生活是不公平的，你要去适应它。承认这个现实并接受这个事实，我们才能放平心态，找到属于自己的人生定位。

如果你背对着整个世界，整个世界也会背对着你。命运是不可改变的，可改变的只是我们对命运的态度。尝试着换一种心情去看待头顶的"恶劣天气"吧！调整心态，积极面对。只要我们能够以恰当的态度对待命运，或许风雨也会变成一种美景，这样一来，我们的心情也会犹如雨后的彩虹，通透并且绚丽，命运也就不是那么可怕的东西了。

❀ 融入所在环境，你才能生存

刚刚从大学校园中走出的年轻人，在体会到社会的变幻莫测、冷漠无情后，大多会感觉世态炎凉，人情冷暖。这时就会开始深刻领悟到，原来社会并不是我们所想象的那么简单。曾经书本中的那句"人在社会，身不由己"，早就告诉你生活环境对你的影响之大了。

社会环境是一个极其复杂的人生大背景、大舞台。在这个大环境之中，每个人的命运都与时代的发展、国家的兴衰、社会的变化息息相关。不管是国家形势的大变，还是工作环境的小变，都可能引起我们个人前途命运的变化，或是给我们的事业带来发展的机遇，或是限制阻碍了我们的前进道路。

适应你所在的环境，是因为适者才能生存。达尔文原版的英文日记记述了这样一件事：

19世纪30年代，达尔文周游世界。一次，他来到非洲一个原始部落。那里的人非常落后愚昧，没有衣服穿，住的是山洞。他们把老年的妇女赶进深山老林，让她们自然饿死；在没有食物的情况下，将婴儿和小孩分而食之。达尔文下决心改变这个局面。他高价买回了一个当地小男孩，带回了英国。16年后，这个非洲孩子被培养成了"文明青年"。达尔文通过熟人把他带回了他的家乡。一年后，达尔文旧地重游，想看看自己精心培养的青年是不是改变了那个原始部落。结果，一问部落首领，说那个青年被吃了。因为"他什么都不懂，什么都不会做，我们留他何用"？达尔文在日记中写道："一个人的愿望和他所希望得到的结果并不成正比。一个种族遗留下来的疑难问题，决不是依靠一个或几个'文明人'就可以解决的。从野蛮进化到文明，这其中有一个痛苦而漫长的过程，欲速则不达。社会上每个人都应当适应自己周边的生活环境，否则，哪怕他再高明，也终将被淘汰。适者生存啊！"

很多时候，因为我们不能接受所在的环境，所以造成了很多的困境。面对这种情况，我们完全可以改变自己，让自己融入环境中去。一个真正聪明的人，必须迅速适应生活环境。适应环境突出表现在紧随时代变革的步伐，走在时代的前面。人，要想生存，必须随时代一起发展进步，与时俱进。因为新科学、新技术、新知识、新思路、新机器不断产生。旧知识、旧技术、旧机器不断被淘汰。如果你还在原来的状态上，那你只能被淘汰。

与人类相比，狐狸是谈不上有什么大智慧的，毕竟它们还远远不是人类的对手。但毋庸置疑，狐狸的智慧是众人皆知的，其实最重要的是它懂得怎样去融入所在的环境，去适应它、接受它。

狐狸适应性极强，随遇而安，树林丛莽、丘陵河地，无处不可栖身。它白天蜷伏于洞中，安然酣睡，夜间出来，四处觅食。狐狸可以觅食各种食物，从不挑肥拣瘦，捕捉到较大一点儿的兔子、山鸡它高兴万分；捉到老鼠、小鸟也不扫兴；再不然吃小鱼、青蛙也毫不介意；如果实在捕捉不到肉食动物时，蠕虫、昆虫乃至野果也可以让它填饱肚子。

与其他的犬类动物，如狼、狗等比起来，狐狸娇小的体型自然不能与其他犬类去竞争力量、速度和耐力。但是在自然的优胜劣汰中，狐狸却靠着自己很好地适应环境、融入环境的能力，靠着机敏、灵活、聪慧，使自己立于不败之地。对于狐狸来说，生存是艰难的，但它必须适应，因为它别无选择。

狐狸相对于狼和狗来说不是强者，但它接受的却是整个环境。因为聪明的狐狸明白，即使它不愿接受命运不公平的安排，也不能改变事实分毫，它

唯一能改变的，只有自己。

聪明的女人，如果真要想在社会闯，就必须要学会适应环境。因为只有努力融入你所在的环境中去，你才能找到真正属于自己的路，走出成功的轨迹。如果你退缩，甚至抱有侥幸心理，就只能站在社会的底端，永远为你无知的抱怨而备受煎熬。

现在的好多人都在感叹这个社会虚与委蛇，抱怨现实冷酷无情，甚至有的人还会奋起为此打抱不平。可是，聪明的女人，你要明白书本上的知识都是死知识，一旦踏入社会之后，我们就必须努力去学习"社会"这本书，这本书才是现实，才真正告诉了我们何为光明与黑暗。

❀ 太单纯易被社会淘汰

世界上最难的事,不是认识别人,而是认识自己。有时,在人生的某个阶段,女性能比较好地了解自己;到了人生的另一个阶段,对自身的认识又变得模糊,成为自我发展过程中的一个障碍。几乎每个女人,潜意识里面都会希望自己永远率直单纯,做事不必瞻前顾后,不必察言观色,想怎样就怎样!但是,这种幻想只能停留在我们最纯真的小时候。当我们已经长大成人,步入社会了,还可以这样想吗?很简单,不可以!

有时候,过于单纯可能是决定一个人一生成败的关键因素之一,但是很多女人却并非如此去看重它。如果你幼稚地随意发泄你的情绪,只会给人一种不成熟或者还没长大的印象。因为只有小孩子才会说哭就哭,说生气就生气。这在一个小孩子身上或许是天真烂漫,可是如果发生在一个成年人身上,人们就不免会怀疑你的人格发展了。

现实生活中,很多女人并没有把控制情绪当成一件重要的事,总觉得情绪化是一种"率直"的表现,是一种很单纯的人格。也许你会说,人生苦短,何必那么较真呢?更何况,单纯的女人是多么惹人怜爱呀。但是一个把什么情绪都摆放在脸上的人,别人很容易就一眼望穿。如果让这种单纯跟随自己一辈子,不去控制的话,最终只会一败涂地。一个单纯的女人,她带给人们的是轻松和愉快,一个过于单纯的女人,她带给人们的是沉重和懊恼;一个单纯的女人,她可能不清楚自己的长处,而一个过于单纯的女人,却不

知道自己的短处。所以，作为女人，你可以单纯，但不可以太过于单纯。一个没有自知之明的女人，只能被社会淘汰。

梅梅是行政部职员，初来乍到，一身稚气，不知公司两位高层张副总和李副总是面和心不和，张副总同意的事，李副总有意见，反之亦然。公司不大，所以行政部有时候也兼做些类似秘书的工作。

有一次给老板写年终报表分析，李副总让梅梅先按他设计的表格作报告。过两天张副总问梅梅有没有什么格式，梅梅就把给李副总的那份报告给了他参考。此举让李副总非常不快，嘴上没说什么，却冷冷地把梅梅叫进来让她按自己的思路重新设计表格、重新做报表，还开玩笑般不冷不热地加了一句"这可是有知识产权的，要保密哟"，闹得梅梅一头雾水。

后经资深高人点化，才知原来这两个副总相争已非一日，大到争权争利争人缘，小到争外出公车的品牌，都要显出个人的身价。所以身为他们的下属，一定要口风严，都不能得罪。张副总的话没错，李副总的意见也没错，这时候你不光要用耳朵，还要用脑子。

在高人的点化下，梅梅这才知道自己碰到了只可意会不可言传的事，暗叹公司的运作与生存艺术实在不同凡响，身为下属向左走还是向右走，就看脑子做出的判断对不对了。

苏晴是李副总的小表妹，那次在给客户做培训时不小心砸坏了一个价值9000元的机头。当着张副总的面，李副总皱着眉头严厉地对梅梅说："要查，要按公司规定罚款，绝不能敷衍了事！"

梅梅这次可学乖了，先是查找能够遵循的公司制度，然后给行政部出了个方案：扣发一个月奖金。奖金嘛，一个月不到1000块，当然比不了9000元的机头钱。梅梅执行的方案是：非故意损坏的要酌情惩罚，情节严重的要照价赔偿。人家苏晴把机头弄坏的时候，可是哭得梨花带雨，这谁都看见了，这怎么也不能说是情节严重吧，所以梅梅就建议酌情惩罚了。

事后李副总也追问梅梅的解决方案，还打着官腔问惩罚力度是不是不够。梅梅巧妙地述说了上述理由，李副总没再说话，挥挥手让梅梅走了。不过在接下来的日子，他和梅梅说话的时候总是那么和颜悦色，让她感到特别舒服。

聪明的女人，收敛一下你单纯随性的性格吧，这种单纯在你走向社会之后，就不要再显露出来。走进社会就象征你走向了成熟，生活中没有多少"三七二十一"的算术让你胡乱去作决定，否则，你将为此付出沉重的代价。请记住学会控制自己，为人处世多一份圆融，才能让成功离你越来越近。

进入社会这个大环境之后，如果太过于单纯，那么你的结局是可笑又可悲的。究竟怎样才能让自己在社会上立稳脚跟，既保留自己的一份单纯，又不会因为过于单纯而被社会淘汰呢？

1. 要能经常反思自我、审视自我、把握自我

女人应经常反思自己的所作所为、所思所想，明白自身的长短优劣，不断矫正自己。一个既不好高骛远、目空一切，又不自卑、自馁、丧失自我的女人，才能把握自己，把握人生。

2. 要有自知之明

"人贵自知"，这话是要你清醒，不妄自尊大，也不妄自菲薄。聪明的女人既要知道自己的短处，更要清楚自己的长处，要有全面、客观的"自知之明"。

3. 要借助别人来帮助、认识自己

聪明的女人会让自己对周围的人和事多一分了解，避免出现更多的错误。而且要经常听听别人的评价，来了解自己、认识自己。

❀ 说话要看对象和场合

女性在语言和交谈方面较之男性有先天的优势，然而能体现一个人说话能力的不仅仅在于声音的甜美，也不能全部依赖说话的天赋，还要在生活的每一个片段中不断地搜寻、提炼说话的内容，用特有的敏锐与洞察力去感悟说话的方式。

说话要看对象，首先要对对象有所了解。对家人，对亲朋好友，你很熟悉，说话时自然会注意到不同特点。对初次相识的人，要做到这一点就不那么容易了。性别、年龄，很好看出来，身份、职业、文化修养等，则必须通过言谈话语去了解。因此，与陌生人见面，不要急于先说，而要先倾听对方的话语。在了解对象的基础上，说出的话要有礼貌、合适。

有句俗话说得好，"话有三说，巧说为妙"。何谓巧说？有时某一人物说出的话语是那时、那地、那情景下最符合他身份、性格的人物语言，与人物背景最为融合，这就是"巧说"。日常生活中说话圆融通达主要体现在说话要分场合、要看"人头"、要有分寸，最关键的是要得体。

阿敏是一个优秀的服务员，她在接待客人时就是说话看对象的一个范例：

如果是一个知识分子进店，阿敏这样说："同志，您要用餐，请这边坐。来个拌鸡丝或熘里脊，清淡利口，您看怎么样？"

工人同志来他们店里，阿敏这样讲："师傅，今个过班，想吃过油肉，还是氽丸子？"

如果是乡下的老大娘进店，阿敏这样欢迎："大娘，您进城里来了，趁身子骨还硬朗，隔一段就来转转，改善改善生活，您想吃点啥呢？"

阿敏对不同的人所说的话也不一样：对知识分子，用语文雅、委婉；对工人同志，用语直接、爽快；对乡下老大娘，用语则通俗、朴实。这就恰到好处地适应了不同对象的不同爱好和文化修养。

古人说："知己知彼，百战不殆。"说话也是一样，在开口之前，必须先了解对方，然后针对不同的对象，采取不同的会谈技巧，只有这样才能把话说到别人心里去。否则就会惹对方不高兴，甚至可能造成不必要的矛盾。

一位衣着时髦的白领小姐为购买一件时装而迟疑不决时，年轻的女营业员忙上前说："这件衣服品位高雅，销路很好，今天早上就卖出好几件。"可那位小姐听后立即走了。一会儿，一位中年妇女来了，准备买一件新潮的马甲，那位营业员接受了刚才的"教训"，便说："这件马甲很气派，一般人穿着还压不住它，从进货到现在还没有卖出一件，看来只有你最适合了。"这位中年妇女听了气呼呼地走了。

上面这位女营业员说话不看对象，结果惹得顾客一肚子的不高兴，自然不会买她的衣服。作为白领，追求与众不同的效果，如果自己穿的衣服大街上到处都能看到，那是有失品位的。而对于中年妇女，最怕别人都穿不了的衣服自己才能穿，那说明自己已经老了，赶不上潮流了。可见，说话不看对象，难免事与愿违。

此外，说话还要看对方的心态。不同的人在不同的情况下会有不同的心态，而且有时候未必会从外部表现上明显地表露出来，那么作为表达者应当洞察对方的心理，以便进行有效交流。

有些女人被认为"少根筋"，就是因为她们说话不看对象。比如，她们

在寿宴上对着寿星公寿星婆大谈人寿保险的好处；对着孕妇说这年头养孩子没好处，长大了竟给自己气受；对新郎新娘说今天喜宴的菜好吃极了，下回别忘了请我，我一定捧场；对着要出远门的人，大谈今年有多少飞机出事，动车出轨，汽车追尾的事件；甚至在即将离休的领导面前抱怨有些老家伙早该离退休了，就是赖着不走，阻碍青年人走上工作岗位……这样的女人经常会在不知不觉中伤了人，而自己却谈兴正浓。

因此，会说话的女人，在开口求人办事之前，一定会根据各种人的身份地位、性格爱好和心理选择不同的处理方式，并把握好分寸。只有这样，才能成为受欢迎的女人。

生活中，人是各种各样的，因此，他们的心理特点、脾气禀性、语言习惯也各不相同，由于这个缘故，也就决定了他们对语言信息的要求是不同的。所以，不能用统一的通用的标准语的说话方式来交流。

一般来说，办事严谨、诚实、老练的人，最喜欢听流利而稳重的话，这时，你说话时要注意态度尊敬，既不能高谈阔论，也不可婉转如簧，而应以忠实见长，朴实无华，直而不曲。话语虽简单，但言必中的，给人以老实敦厚的印象。

若对方性情豪放、粗犷，则他喜欢听耿直、爽快的话，那么你就应忠诚、坦白，知无不言、言无不尽，对美丑、善恶的爱憎要强烈分明。

若对方是学识渊博的高雅之士，他可能崇尚旁征博引而少芜杂的言辩，你不妨从理论问题谈起，引经据典，纵横交错，使谈话富有哲理色彩，但言辞应表现出含蓄和文雅，显得谦虚而又好学上进。

总之，聪明的女人要想处处受人欢迎，就要学会根据说话对象的不同情况来确定自己的说话方向，并且采用不同的谈话方式，做到见什么人说什么话。

一语中的，多说话不如会说话

刘禹锡的《陋室铭》中有这样一句话："山不在高，有仙则名；水不在深，有龙则灵。"人与人之间说话亦如此，话不在多，简要即可；语言不用很华丽，只要一语中的即可。听话人一般厌恶空话、大话，但是对简明扼要的话却十分欢迎。

生活中，我们经常会有这样的体会：在单位，领导作报告的时候，开始你听得还挺有兴趣，但是当领导一再地反复强调那几个问题的时候，你的注意力就开始分散了，接着，如果领导还是在重复那几个问题，你就会产生反感，而且对领导的印象分也开始下降，最后可能讨厌这个领导了。

在家里，当你犯了错误后，父母总是一个劲儿地批评你。开始的时候，你还觉得自己真的不应该犯错，还感到愧疚，可是当父母没完没了地数落你的时候，你就开始厌烦了，到最后甚至故意跟父母对着干，他们越是说东，你越要往西。

这就是生活中的超限效应：指刺激过多、过强或作用时间过久，从而引起心理极不耐烦或逆反的心理现象。很多年轻人都嫌父母、长辈或是领导啰唆，对这种效应体会尤为深刻。对此，心理学家的解释是，人接受任务、信息、刺激时，存在一个主观的容量，超过这个容量，人就不愿意认真对待这些任务了。

的确，"好菜连吃三天惹人厌，好戏连演三天惹人烦"。一个人说话，如

果总是喋喋不休、没完没了，就会让人不耐烦。

方强就是一个说话常常不在点子上的人，说起话来滔滔不绝，大家都不爱听。虽然是个年轻的小伙子，但是同事们都叫他大姨妈。

每次他说话怕别人听不懂，都要重复地解释好几遍，东一句，西一句抓不住重点。讲得自己筋疲力尽了，别人也听得晕头转向。同事们打趣地说：

"开会的时候听方强做个汇报，我睡一个小时，醒过来照样能听懂他的讲话内容，因为他还在讲我睡觉之前的内容呢！"

鉴于他的这个说话"特点"，每次开会，无论是部门开会，还是公司开会要发表意见的时候，经理都安排他最后一个发言。因为害怕耽误大家的时间，有很多次，他的话还没说到一半，经理就不耐烦了："行了，行了，你说重点吧！"或是干脆让他别说了。

王凤与方强正好相反。她说话干净利落、条理清楚，而且肢体语言特别丰富。平时不怎么说话，但是每次说话都语出惊人，切中要害。同事们每次发言完毕，都会主动地要听听她的意见："王凤，你来总结一下！""王凤，你觉得我们说得对吗？"

方强喜欢说话，但大家不愿意听他说；王凤没说话的时候，大家盼望着她说。由此可见，一个人的语言魅力不在于他说了多少，而在于他说的是什么。一些人所以话太多，喜欢讲话，是想显示自己的"才能"。他们往往把讲长话当做是有水平的表现，其实，话讲得到位才能显示出自己的口才。

语言是人行动的影子，日常中我们常因言多而伤人。言语伤人，胜于刀枪，刀伤易愈，舌伤难瘥。一个喋喋不休的女人，像一只漏水的船，每个乘客都会纷纷逃离。有道德者，绝不泛言；有信义者，必不多言；有才谋者，必不滥言。我们说话也要适量，若要说话，就应当掌握说话的艺术，话多不如话巧，关键在于能一语中的。

Chapter 1　世界如此复杂，更要内心坚强
—— 毕业头三年决定你的一生

　　1991年11月，中国电影"金鸡奖"与"百花奖"在北京同时揭晓。李雪健因为主演《焦裕禄》中的焦裕禄，最终获得这两项大奖的"最佳男主角"奖。颁奖之后，李雪健在台上致答谢词时说："苦和累都让一个好人——焦裕禄受了；名和利却让一个傻小子——李雪健得了……"他的话音刚落，赢得全场一片掌声。

　　李雪健巧妙运用对比的两句话，既赞美了焦裕禄的为民奉献精神，又表达了自己受之有愧的心情，打动了观众的心，给人留下难忘与美好的印象。

　　马寅初先生在担任北京大学校长期间，曾经有一次在百忙中参加中文系郭良夫老师的结婚典礼。贺喜的人们发现校长亲临现场，情绪顿时高涨起来，鼓掌欢迎马校长即席致辞。

　　马寅初先生本来没有想到自己要讲话，但是既然大家热情相邀，又不能让大家扫兴。讲什么呢？多夸奖新郎几句吧，又显得是客套话；讲学问吧，显然不切时宜。最后，他来了个一句话的演讲："我想请新娘放心，因为根据新郎大名，就一定是位好丈夫！"人们听了马校长的这一句话，起初莫名其妙，后来联系到新郎的大名，恍然大悟：良夫，不就是善良美好的丈夫吗？

　　可见，语言作用的大小，不在于"数量"，而在于"质量"。平时生活中，与人交流或是做演讲的时候，要掌握好"火候"，否则过犹不及。比如，在演讲的时候，有的人长篇大论，滔滔不绝，自我感觉良好，在浪费听众宝贵时间的同时，却提供给听众们有限的信息，让人厌烦；而有的人把自己的意思浓缩成一句话，犹如一粒沉甸甸的石子，在听众平静的心湖里激起层层波浪，让人敬佩。

　　记住，任何沟通，特别是旨在诱发别人态度改变的说服和引导，都必须避免无意义的重复，否则效果适得其反。

❀ 见人只说三分话，说明你成熟了

许多人有一个共同的毛病，即在不必要的场合中，把自己所拥有的一切话题，在一次机会中全部谈完，等到需要他再开口的时候，他已无话可说了。这种现象，不论是在普通的会话或正式的演说场合中，都是要引以为戒的。

英国思想家培根说过："交谈时的含蓄与得体，比口若悬河更可贵。"做人固然要正直、直率，但并不意味着说话也可以直言不讳。太过于唐突的直言，有时就是一种消极、否定的语言暗示，不仅使人抵触反感，还会让人顾虑重重，甚至增加心理压力。

比如，医生给人看病，遇到病情较严重而又诊治不及时的病人，就直言道："你怎么这么瘦哇！脸色也很难看！""你知道你的病已经到了什么地步了吗？""哎呀！你是怎么搞的？你这个病为什么不早点儿来看哪！"这些说法里所包含的消极暗示会使病人怎么想呢？作为医生这是治病还是"致"病呢？相反，若医生说："幸好你及时来看病，只要你按时吃药，多注意休息，放下思想包袱，相信你很快就会好起来的。"这将给病人很大的鼓舞。所以，在言谈中，有驾驭语言功力的人，就会自如地运用多种委婉的表达方式。

可见，说话太直白了不行，而尽说好话奉承的也不行。话说一半，点到为止，才是恰到好处，是真正的大智大愚。

戴高乐将军曾经说过："真正的领袖人物要幽居，伟大和超脱，要神秘，有时就需要沉默寡言。"无巧不成书，在戴高乐之前几百年，我国明朝吕坤在《呻吟语》中曾经总结圣人的处世经验说："独处看不破，忽处看不破，劳倦时看不破，急遽仓猝时看不破，惊扰骤感时看不破，重大独当时看不破，吾必以为圣人。"这里所提到的圣人，也只是一个有悬念的人而已。我们或许成不了圣人，但我们可以做"部分的圣人"——一个有悬念的人。为此，首先我们必须在必要的时候学会免开尊口。

在交际中，不应该问对方"你是做哪一行的"，要留给别人一点儿自由空间，这样我们才能够不被看破，才能显示出我们的风范。俗话说"祸从口出"，是是非非的人情世故，大多都演绎在说话当中。在这个世界上，每个人都有弱点和缺点，但是这些弱点和缺点，一旦从他人嘴里出来，就成了短处和隐私。这是人际交往中的一个大忌。聪明者说话懂得点到为止，给他人更大的想象空间。

人们之间的关系是非常复杂的，局外人一般很难知道真相，即使知道一些皮毛，也不一定可靠，况且另外还有许多隐衷非外人所知。因此，对于任何问题，我们都不能凭主观猜测乱说，更不能只由于片面的观察就在背后批评别人。这样只会给自己惹来麻烦，会被人认为是道德上有问题。

古人有云："守口如瓶，防意如城。"这句话就是告诉我们说话要谨慎。让人们缄口不言是做不到的，唯有小心谨慎而已。这是对自己的安全的一种保护措施。

在日常生活中，总有一些人唯恐天下不乱，每天都在兴风作浪，把人际间的是是非非编排得有声有色，夸大其词地逢人便说，不清楚由此种下了多少怨恨的种子。

倘若遇到这些人说其他人的短处时，我们唯一要做的就是听了就忘，像别人告诉我们的秘密一样，三缄其口，不可做传声筒，并且也不深信片面之词，更不必记在心上。倘若在听到片面之言后贸然宣扬出去，十有八九被认为是颠倒是非，混淆黑白。说出的话如泼出去的水，收不回来。当明白自己说错话时，已经为时晚矣。

任何人都有自己的秘密，倘若你凭一时冲动找人去倾诉。这样做的结果，很可能就是把秘密泄露出去，进而自取其辱，自找倒霉。社会是复杂的，我们"抛出一片心"，说不定恰巧入了别人的陷阱。因此，说三分话并不是狡猾和不诚实，而是一种修养。我们说话必须看对方是什么人，倘若对方不是可以尽言的人，我们就只能说三分话。

有心智的人对于任何事情，在任何时候都会为自己留一条后路，假如轻率作出决定而没有实现就会惹来耻笑。一件事情只显现出它的三分而留七分在其后，无论事情发展到什么地步，都会使自己有足够的空间去把握。

有这样一个小故事：

妻子买了一块布料征求丈夫的意见，丈夫觉得妻子用这块布料做成衣服穿不太合适。如果丈夫不尊重体贴妻子的心情，就会直露地批评说："你看你的审美观真成问题！一把年纪了还穿这么鲜艳的衣服，岂不成老妖婆了？"这样生硬、贬损的话必定会伤害妻子的自尊心。如果丈夫尊重体谅妻子的心情，就会把否定的意见说得委婉得体，给予暗示："不错，颜色真鲜艳，给女儿做衣服，那是很漂亮的。"

很显然，掌握说话的时机，注意说话的分寸，更有助于达到你的目的。否则，即使你说话的内容再精彩，如果没有把握好时机，就有可能达不到效果或者起了反作用。所以，要学会根据对方的性格、心理、身份以及当时的氛围等一切条件，考虑你说话的内容。

❋ 积极主动，付出就会有回报

在日常工作中，很多职业女性常常认为，只要准时上班、按点下班、不迟到、不早退就是完成工作，就可以心安理得地去领工资。实际上，每天早出晚归的人不一定是认真工作的人，每天忙忙碌碌的人不一定是圆满完成工作的人，每天按时打卡、准时出现在办公室的人不一定是尽职尽责的人。对于没有端正工作态度的人来说，每天的工作可能是一种负担、一种逃避，于是当一天和尚撞一天钟，对工作总是敷衍了事。

在现代职场，这种听命行事的工作作风已不再得到认可，懂得积极主动工作的员工才能备受青睐。对每一个企业和老板而言，他（她）们需要的绝不是那种仅仅遵守纪律、循规蹈矩，却缺乏热情和责任感，不能够积极主动、自动自发工作的员工；而是需要主动了解自己要做什么，并且规划它们，然后全力以赴去完成的人。如果你想有一个达到或超过你现在老板今天的成就的机会，那么办法只有一个，那就是培养起自己自动自发、全力以赴的工作习惯。

有两种人绝不会成大器，一种是非别人要他（她）做，否则绝不主动做事的人；另一种人则是即使别人要他（她）做，也做不好事情的人。对于职业女性来说，只有那些在工作中不需要他人催促就会行动起来的人才能成功，她们懂得要求自己多付出，而且做得比老板期待的更多。

国外有一位著名的投资专家叫约翰·坦普尔顿，他通过大量的观察研

究，得出了一条很重要的真理——"一盎司定律"。他认为，取得突出成就的人与取得中等成就的人几乎做了同样多的工作，他（她）们所做出的努力差别很小，可以用多一盎司来形容。但是，就是这些微不足道的一点点区别，却会让你的工作大不一样。

职场中，只有那些今天比昨天更努力，每天都多做一点儿的员工，才能抓住宝贵的时间创造事业的成功。如今在每个公司，个人的工作内容相对比较确定，并不一定有许多"分外"之事让我们去做。而且，当一个人已经完成绝大部分的工作，付出了99%的努力，再"多加一盎司"其实并不难。但是，我们往往缺少的却是"多一盎司"所需要的那一点点责任、一点点决定、一点点自动自发的精神。

工作态度决定一个人的职业高度，工作的质量也往往决定生活的质量。一个人即使没有一流的能力，但只要你拥有敬业的精神，同样会获得人们的尊重。即使你的能力无人能比，却没有基本的职业道德，一定会遭到社会的遗弃。对于每一位职业女性来说，绝不要满足于普普通通的工作表现，在一丝不苟、忠于职守地对待工作的基础上，你还应该更努力一些，还应该要求自己在做完本职工作后再多做一些事情，比别人期待的做得更多一点儿。这样才可以将工作做得更好，给自我的提升创造更多的机会。

许多年前，一个妙龄少女来到一家高级酒店当服务员。这是她涉世之初的第一份工作，也就是说，她将在这里正式步入社会，迈出她人生第一步。因此，她很激动，暗下决心一定要好好干！她绝没想到——老板竟然安排她洗厕所！

这时，她面临着人生第一步怎样走下去的抉择：是继续干下去，还是另谋职业？继续干下去——太难了！另谋职业——知难而退？人生之路岂有退堂鼓可打？她不甘心就这样败下阵来，因为她想起了自己初来时曾下的决心：人生第一步一定要走好，马虎不得。

在此关键时刻，一位前辈及时地出现在她的面前，帮她摆脱了困惑、

Chapter 1 世界如此复杂，更要内心坚强
—— 毕业头三年决定你的一生

苦恼，指点她迈好了这人生关键的第一步，更重要的是帮她认清了人生路应该如何走。那前辈并没有用空洞的理论去说教，只是亲自做个样子给她看了一遍。

首先，他一遍遍地抹洗着马桶，直到抹洗得光洁如新。然后，他从马桶里盛了一杯水，一饮而尽喝了下去！竟然毫不勉强。实际行动胜过万语千言，他不用一言一语就告诉了她一个极为朴素、极为简单的真理：光洁如新，要点在于"新"，新则不脏，因为不会有人认为新马桶脏，也因为新马桶中的水是不脏的，所以是可以喝的；反过来讲，只有马桶中的水达到可以喝的洁净程度，才算是把马桶抹洗得"光洁如新"了，而这一点已被证明可以办得到。

同时，他送给她一个含蓄的、富有深意的微笑，送给她一束关注的、鼓励的目光。这已经足够了，因为她早已激动得几乎不能自持，从身体到灵魂都在震颤。她目瞪口呆，热泪盈眶，恍然大悟，如梦初醒！她痛下决心："就算一生洗厕所，也要做一名洗厕所洗得最出色的人！"

她下定决心留了下来，并且她的工作质量也达到了那位前辈的高水平，她也多次喝过厕水，当然这也是为了检验自己的自信心，为了证实自己的工作质量，也为了强化自己的敬业心。但，也正是这样，她踏上了人生的成功之路。

从故事中，我们看到的是野田圣子对卓越的不懈追求，正是这种追求造就了这位平凡女子传奇的一生——"就算一生洗厕所，也要做一名洗厕所洗得最出色的人！"可见，做任何一项工作，重要的不在于干什么，而在于怎么干。如果你能在工作中怀着一种敬业的精神，为事业付出全身心的努力，抱着认真负责、一丝不苟的工作态度，做到善始善终。那么，不管你现在身处什么岗位，都会在工作中脱颖而出。

总之，作为一名职业女性，如果你想登上成功之梯的最高层，就得永远保持率先主动的精神。率先主动是一种极珍贵、备受看重的素养，它能使

人变得更加敏捷、更加积极。拥有了主动工作的习惯,你就拥有了内心的热情、向上的精神、积极的态度,以及行动的力量,纵使面对缺乏挑战或毫无乐趣的工作,也能够做到自动自发地工作。

❀ 帮助别人等于成全自己

一位在商界颇有建树的商人说:"人际关系就像播种一样,播种越早,收获越早;撒下的种子越多,你收获的也越多。"道理很简单:你帮助了别人,别人也会帮助你。

我们都知道这样的一个事实:每一个事业有成的人,在成功的道路上,都曾经得到过别人的许多帮助。因此,我们应该帮助别人作为回报,这是一个很公平的规则。所以做人不能太自私,不能心中只有自己,应该去帮助别人,同时也从朋友那里获得有益的帮助。

乔玲念大学二年级,平常既不喜欢跟舍友一起疯玩,也不跟她们一起疯疯癫癫地去逛街,她的不显眼以至于大学都两年了,认识她的人却寥寥无几。除了上课时间,乔玲会定时地出现在学校的各个角落,比如图书馆、自习室、饭堂、宿舍楼传达室等,她不是勤工俭学,她只是在义务地帮忙。

在图书馆,她总是默默地将那些被弄乱的书籍放回原位,她总是在做完实验后刷干净同学们使用的仪器才离开,她会主动帮传达室大爷分信件跑腿儿……

别人总是问她为什么,乔玲笑笑说:"举手之劳,方便别人,我也没吃亏啊。"

每次帮完别人，乔玲总是满足地微笑着。帮助别人虽是小事，但是让自己很欣慰。这样的乔玲给学生会主席高磊留下了深刻的印象，赢得了他的心。她却说："我是发自内心地想帮助这些有困难的人，很多事我也经历过，所以能了解，只希望尽自己一份微薄之力，为他人排解一些难题，这太平常了。"

因为帮助了别人没有得到自己想要的回报，就抱怨不止，因为对方没有说谢谢就耿耿于怀，那何必去帮助别人呢？就为了一句赞美、感激的话才去做这件好事，就会扭曲我们的本意，让关爱变了质。这样的功利心，就会让我们失去最初的快乐。

好多人都等待别人先付出，都希望别人先服务于他。只想获取，不愿先付出，人们就会远离你。你失去人群的支持，成功的概率自然会大打折扣。

从前有两个老人是师兄弟。除每人练就一身好武艺外，还都会钓鱼的绝技。但是，师兄特别保守，总怕被别人学走了钓鱼绝技，和自己来竞争；师弟的想法恰恰和他相反，总是非常乐意帮助别人，但是学会绝技有一个条件：必须是以后每钓上100条鱼要无偿拿出4条鱼来报答自己。于是很多人都来和老人（师弟）合作。老人家也就毫无保留地都一个个教会了他们。

老人的徒弟们学会了绝技后，都很信守承诺，对师父非常尊敬。慕名来学绝技的人越来越多，从此老人家再也不用自己去风吹日晒地钓鱼了。光是徒弟们给的鱼已经不计其数，于是老人开始对外批发鲜鱼，生意越来越红火，成了远近闻名的富户。而老头的师兄还是每天一个人钓鱼，仍然过着清贫的日子。

其实这也说明了帮助别人也就是在成就自己。一个人能成功并不是他从别人那里获取了很多，但绝对是有很多人愿意支持他。因为你先帮助他们得到了他们想要的，当你能帮助别人得到他所想要的，他自然会给你想要的。

俗话说："赠人玫瑰，手有余香。"不求回报地为别人做点事情，就可以在心理上有一种优越感，是对方欠自己，而不是自己欠别人的。等你需要帮助的时候，别人不会袖手旁观。事实上，你越不计较，得到的惊喜就越多。

不要老是想着怎么能从别人的身上得到些什么，应该想到的是我能够给予别人什么，付出什么样的服务与价值来让对方先获得好处。其实，当我们自身"不求回报"的时候，生活却往往"自有回报"。年轻人不要总抱怨自己交不到真心的朋友，遇到困难的时候没有人帮助。其实那是因为你在别人需要帮助的时候，从来不肯伸出援手。被我们帮助过的人，会惦记我们离去的背影，会慢慢累积成一股庞大的力量，回馈给你所需要的帮助与支持。

当然，我们在人际交往中必须注意，如果想让别人觉得与我们的交往值得，你身上就必须有某种东西吸引着别人与你交往。通常只要你能拿出自己的真心与坦诚相对，那么你就不愁没人愿意与你交往。

世界上每一个人都有着自己的优点或长处，也都可以给你些许的帮助。然而每个人都有自己的弱点与短处，也都有需要你帮忙的地方。假如每个人都帮助你一点儿，你也希望每个人都帮你一点儿，你觉得如何才能做到？答案很明显——只要你能帮助别人美梦成真，那你自己也一定能够心想事成！

在你想到别人要的是什么，并且给予了他，最后你一定会得到你所想要的东西。夫妻之间都认为自己应该从婚姻中得到些什么，于是彼此都得不到。但如果夫妻之间彼此都认为"爱就是付出"，于是双方不断付出，那么相信双方也都能够最大程度地获得。

有一位哲人曾经说过："给别人一些空间，就是给自己一个世界，给别人一些帮助，就是给自己生机和希望。但是如果你先前不帮助别人，别人也不会主动帮助你。"可见，只有当你在生活中真正了解到付出才能得到，你的人际关系才能打得更开、更大。

社会是将人与人联系起来的一张网，在这张网中，无论你做什么，都会

影响到周围人。倘若你以自我为中心,周围人就会以为你自私自利而疏远你;反之,则会给他人和善、有度量之感,从而有了对他人的吸引力,自然也就成就了自己。因此,帮助了别人,便是成就自己。

Chapter 2

秀出你的大智慧,太单纯的女人注定失败
——借你一双读心识人的慧眼

❀ 适当的距离让彼此更美

每天和你在一起时间最长的人是谁？不是你的亲人，也不是你的朋友，而是公司里的同事。他和你在办公室面对面、肩并肩，同劳动、同吃喝、同娱乐。办公室里的距离如何把握，并不是那么简单的事。

同事之间过于亲密，不但会像刺猬那样刺痛对方，还容易互相掌握对方的"隐私"，影响各自在公司里的发展。没有什么会比竞争与晋升更能考验友谊。一名拥有过人资历，同时严守公司潜规则的员工仍然会轻易地与晋升机会擦肩而过，这一切只源于他所谓的"朋友"背后的几句坏话。

凌娜和佳敏虽然家境不同，两个人却成为知己。她们是大学同学，在学校里时只是一般朋友，进了同一家公司后，又住在同一间公寓，才渐渐成为知己。

因为读大学，家里为佳敏借了许多债，她就悄悄找了一份兼职，帮一家小公司管理财务。凌娜发现她下班后也忙得不可开交，一问，佳敏就把自己做兼职的事情告诉了凌娜。

公司每年都会选派一名优秀员工到一家著名的商学院培训。根据选派条件，条件最好的凌娜和佳敏都被列进了候选人名单。凌娜对佳敏说："要是我俩都能去该多好啊。"佳敏说："但愿如此。"

结果凌娜脱颖而出，成为公司那年唯一选派的培训员工。佳敏很失

Chapter 2 秀出你的大智慧，太单纯的女人注定失败
——借你一双读心识人的慧眼

落，她非常想获得这次培训的机会，于是找老板，请求也参加这次培训。

老板看了佳敏一会儿，冷笑着说："你太忙了，就免了吧。"

佳敏急忙说："我手头上的项目，我会尽快完成的。"

老板沉下脸来说："那家小公司怎么办，谁给管理财务？"

佳敏立即愣住了，她一时搞不明白老板怎么知道她兼职的事。她本能地辩解说："我兼职是有原因的，这并没有影响我在公司的工作……"

老板打断佳敏的话说："好了，你忙你的去吧，我还有事。"接着冲佳敏摆摆手。佳敏只好灰溜溜地离开。

"你太忙了"——佳敏没想到这句话会成为阻止她培训的理由。可老板怎么知道她兼职的事情呢，这件事那家小公司是绝对保密的，她也只告诉过凌娜一个人。佳敏越想越心酸，她没想到知己会出卖自己！

同事关系好，本是好事。大家来自五湖四海，为了一个共同的目标走到一起来了，心往一处想、劲往一处使，团结互助当然是好的，但是切记同事之间拒绝亲密。同事就是同事，不是朋友，交朋友，除了志趣相投，忠诚的品格是最重要的，一旦你选择了我，我选择了你，彼此信任、忠实于友谊是双方的责任。同事就不同了，一般来说，如果不是自己创的业，也不想砸自己的饭碗，那么，你是不可能选择同事的，除非你在人事部门工作。所以，聪明的女人切记不能对同事有过高的期望值，否则容易惹麻烦，容易被误解。适当的距离能让你跟他看起来最美。

美国精神分析医师布列克曾对同事间的交往打过一个精彩的比喻：两只刺猬在寒冷的季节互相接近以便取得温暖，可是过于接近彼此会刺痛对方，离得太远又无法达到取暖的目的，因此它们总是保持着若即若离的距离，既不会刺痛对方，又可以相互取暖。这种刺猬式交往形象地说明了同事之间应该保持着若即若离的距离，不要过于亲密。这一著名的"刺猬理论"成为职场很多人交往的准则，但是在很多时候人们却逐渐地忘记或者忽略这一准则，直到有一天吃了亏，后悔莫及了才想起来。

　　同事之间应该"君子之交淡如水",泛泛而交而不是真情投入,做一般朋友而不是知己。当他情绪低落的时候,你给予安慰;当他生病的时候,你端上一杯热水,并真诚地问候;当他有困难的时候,你要力所能及地给予帮助,但不可把你的心扉完全向同事敞开,将自己的隐私向对方倾诉。这样,你就不会被对方刺痛了。

　　生活中,人与人的关系仿佛永远难以琢磨。很多人在工作能力上无人企及,可人际关系却是他们的"软肋"。如果你也是他们中的一员,那就一定要好好领会人与人交往的适中距离。

　　同事之间走得太近,对于老板来说也是非常不想看到的现象。有的员工喜欢结交朋友,或者具有吸引力,身边总是团结着几个同事。如果在单位里表现得过于亲密,就会被老板察觉,并引起老板的敌视。这样做,一是有拉帮结派的嫌疑。在老板眼里,员工应该彼此保持独立,这样他最容易管理。如果你身边密切团结着几个同事,这是老板最忌讳的。即使你没有拉帮结派的意思,老板也认为你在拉帮结派,有跟他对抗的企图。一旦老板对你有了这种看法,就会压制你,甚至将你打入"冷宫",削弱你的影响力。二是有集体离开公司的嫌疑。几个同事一起跳槽,或者合伙开公司,让原来部门工作顿时陷入半停顿状态,是老板最不希望发生的。你与身边的同事过于亲密,敏感的老板就会猜疑你们是不是要一起跳槽,或者合伙开公司。虽然你们根本不曾谈论过这些问题,但多疑的老板一旦相信自己的判断,就会防患于未然,提前采取措施。老板最常用的方法是把你调离,重新换一个部门,或者调到分公司去,甚至为了公司大局稳定,不惜忍痛割爱,炒你的鱿鱼。

　　所以说同事之间最好保持一定的距离。即使再好,也不要太近。聪明的女人切记要认真思考一下,你究竟是选择原有的个人社交圈,还是选择更多的薪金,更好的职位,为自己及家人创造更为美好的生活?

❋ 别让你的热情成为他人的负担

在日常生活中，无论是待客还是与人交往，我们总是提倡要表现出足够的热情，否则就有冷落别人，或者被冷落的意味。但如果你表现得过分热情，超过了一定程度，就会灼伤对方，给自己的人际关系带来不利。这是人类的一种普遍心理，不仅对熟悉的人是如此，与陌生人的交往也是一样的。

女人爱逛街，就拿我们逛街的例子来说吧，当你走入一家商店时，如果售货员对你冷若冰霜，你就一定会不高兴；但是，如果售货员对你热情万分，嘘寒问暖，不停地与你搭讪，推荐、介绍各种商品，那么你也会感到浑身不自在。结果，你不但不愿意购买任何商品，而且很快就拂袖而去。

过分热情的售货员，往往会让人产生一种误解："他一定是想多赚我的钱，或者是这里的商品不好卖，所以才会如此热情地向我介绍、推销的。"所以那些懂得销售技巧的人，都是十分善于把握分寸的人——既不冷漠淡然，也不过分热情。否则的话，就一定会遭到顾客的拒绝。

姜宁是一名销售人员，人不仅沉稳而且深得客户的喜欢，平时也是公司里面的一把手，虽然她年纪在公司里面是最小的，但是每个月的销售量却比一些老员工还要高。当别人问起她的销售秘诀时，她总会说："鱼是要慢慢收网的。"

有一次，姜宁和公司另外一个销售人员一起去见一个客户，先前姜宁和客户打过招呼去吃饭。在吃饭期间，姜宁只是浅谈了一下生活方面的问题，公司方面的业务根本就没有提及，这可急坏了旁边的同事，可是姜宁只笑不语。

出来后，同事一个劲地埋怨她，不懂得抓住这个时间跟客户讲一下工作方面的事情。姜宁笑着说："你如果那样，客户早就跑了。"原来，姜宁的销售方法跟别人完全不一样，当别人围着客户团团转的时候，姜宁只是淡淡然，冷不防地看好形势收网。她明白，客户通常最讨厌的就是这种热情过度的销售人员，心情就烦躁了。所以，姜宁不缓不急，慢慢收网。果然，第二天，那边就又打来电话找姜宁商谈工作了。

其实，做任何事情都要有一个度，对人热情也是如此。在对待别人热情友好的时候，务必切记，这一切都必须以不影响对方，不妨碍对方，不给对方增添麻烦，不令对方感到不快，不干涉对方的私生活为限。否则，会让人产生怀疑和误解。

这个道理同样适用于人际关系。如果你想受到别人的欢迎，积极主动的态度是必不可少的，但同时也要注意不过分热情。这样做，才更容易让人接纳你。

现在有一些年轻人，常常不分场合，随意就向他人表现自己的热情，对方心理上也会由此而打上一个问号："他对我这么好，是不是有什么坏主意？"因此，要表现得热情而友好，除了分清时间场合，还必须把握好具体分寸，否则就会事与愿违，过犹不及，从而影响人际交往。

由于场合、年龄、性别、辈分以及交往的程度深浅等方面的不同，热情也应该有档次、分寸上的区别。如在公开场合中，即使熟人、恋人相见，也不要旁若无人地高声纵情说笑，过度的亲昵举动则更不合适了。

不要认为只要热情待人就一定能获得别人的好感，很多时候，别人之所以远离你，恰恰是因为你太热情了，从而让人产生怀疑和误解的缘故。虽然说热情是人际交往的"升温剂",但是倘若失控,温度超过了正常值,也会导致焚毁人际关系的悲剧发生。

在社交场合中,有的人怕受人冷落,更想急于和人建立良好的人际关系,所以就对人表现得十分积极、主动,好像与人已经认识了很久似的,无话不谈,没话找话。

这种人通常被人称为"自来熟",而他们的这种表现,换来的常常是与自己所想要的完全相反的结果。付出和所得的不对等,经常使他们陷入痛苦之中。

小娟在大学的时候就已经明白人际关系对自己很重要,所以毕业一进入单位,无论碰到谁都极其热情,在各种社交场合中,她也总是寻找机会和人拉关系。即使见过一面的人,找她帮忙,她也从不拒绝,总是微笑地对别人说:"没关系的,这事好办。"开始的时候,大家都觉得这个小女孩比较助人为乐,十分慷慨好义,但时间一长,人们却发现她所答应的事情没有一件办成的。小娟明明知道有很多事情自己根本帮不上忙,但为了拉拢人心,表达自己对对方的热情,就会不管三七二十一地"照单全收",最终却让人反感。久而久之,人们便送给她一个绰号"老沙皇",即"老撒谎"的谐音。小娟还整天沾沾自喜,以为自己赢得了对方的感情,因为表面上大家都说她"熟人很多",殊不知,她只是和别人"混个脸熟"罢了,根本没有一个人愿意真心和她交往。

"心急吃不了热豆腐",人们之间的感情是慢慢培养起来的,也只能随着时间的推移而变得越来越熟悉,越来越深厚。这是一条不可违背的自然规律。与人交往,不可刚一见面就表现得仿佛相交多年似的,更不要说话口无遮拦,太过随意。俗话说:"路遥知马力,日久见人心。"不到一定的程度,人与人之间的感情是不会变得深厚的。"揠苗助长"只会早早地让彼此的关系夭折。

所以，聪明的女人在与人相处的时候，最好要留有余地，过度热情，只会让对方产生疑问而且倍感压力，在一种轻松自在的环境中用一种淡定的心情话话家常，又何乐而不为呢？

❀ 别拿他人的悲剧当笑料

　　人的生活，不能过分严肃。过分严肃，生活便减了情趣，而精神的表现便流于呆板，同时因为你的呆板，减少了人与人之间的亲和力，人家不愿与你接近，所以精神要有张有弛才好。所谓精神的弛，就是有时你要与人有说有笑，说些风趣的话、诙谐的话。幽默滑稽，是调节精神的好方法，一般年老的人，因为少了这一点，整天不苟言笑，所以年轻人便不太高兴与他接近。如果年轻人整天板着脸，显出严肃的神情，老年人也许称你是少年老成，其实这是你的错误，年轻人应该活泼、高兴，应该严肃时严肃，不应该严肃时，还是要嘻嘻哈哈，充分发挥你天真的一面。

　　可是说说笑笑也不是容易的事，你要说笑话，总不会自己说自己听，或自己逗自己发笑，一定要几个人在一起，即景生情，临时找出取笑的资料。但是问题就在这里，普通说笑，往往把聚在一起的某人做对象，利用他的缺失，造成一个笑话，或利用他平常的言行，来制造一个笑话。如果对方与你原是无所不谈，你向他取笑，往往会被误会成恶意，心理上难免发生不快之感；即使彼此交情很深，可是对方气量狭小，只能占别人的便宜，不许别人讨他的便宜，你向他取笑，他也会感到不大高兴。而且取笑也要有个分寸，在分寸以内，大家欢乐，超过了分寸，便要搞得不欢而散了。所谓分寸，原没有明确的标准，而对方心理上的反应程度，不能不注意。就是说笑的刺激过分强烈，对方不能忍受，而发生不愉快的反应。

赵经理和沙经理很要好，志趣相投，开玩笑习惯了，喜笑怒骂无所不说，私下里没有保留的余地，互相了解至深，甚至对方的忌讳也是酒后茶余的谈资。在一次宴会上，赵经理喝得晕乎点儿，为了表达对沙经理的曲折经历和能力的敬佩，他举起酒杯倡议说："我提议大家共同为沙经理的成功干杯！总结沙经理的曲折历程，我得出一个结论：凡是成大事的人，必须具备三证！"有人高声问："哪三证？"赵经理提了提嗓门答道："第一是大学毕业证；第二是监狱释放证；第三是老婆离婚证！"话音刚落，众人哗然，沙经理硬撑着喝下了那杯苦涩的酒。

这"三证"中的两证无疑是沙经理的忌讳，但是他不想让更多的人知道，也不想让人们议论，所以表面上假装若无其事的样子，内心却是充满了悲愤和凄凉。这个故事就警示我们，在称赞与自己的关系很熟很好的人时，如果是当着其他人的面，千万不要冒犯他的忌讳。毕竟，每个人都希望给自己保留一块私地，保留一份尊严。请尊重朋友的忌讳，不要开那些残酷的玩笑。

朋友、熟人之间适当开开玩笑，可以活跃气氛、融洽关系、增进友谊。但开玩笑一定要适度，要因人、因时、因环境、因内容而定。

1. 开玩笑要看对象

俗话说："人上一百，形形色色。"人的性格不同，和宽容大度的人开点玩笑，或许可调节气氛，和女同学、女同事开玩笑，则要适可而止，不能说女性心胸狭隘，说不定你那句玩笑就触动了别人内心比较隐蔽的事情，所以这种玩笑还是少开，就真忍不住，起码也避讳一下当事人吧。

2. 开玩笑要看时间

俗话说："人逢喜事精神爽。"开玩笑，最好选择在对方心情舒畅时，或者当对方因小事生气时，通过开玩笑把对方的情绪扭转过来。

3. 开玩笑要看场合、环境

在医院等要求保持肃静的场合，不要开玩笑，在治丧等悲哀的气氛中，不宜开玩笑。

4. 开玩笑要注意内容

开玩笑时,一定要注意内容健康,风趣幽默,情调高雅。在社交活动中,忌开庸俗的玩笑。千万不要拿别人的生理缺陷开玩笑,如不能以残疾人的生理缺陷取笑。更不要挖出别人的隐私当玩笑的话题,会让人很下不来台。

一个人最好是能说笑话,但说笑的资料最好不要取材于聚在一起的人。而要取其他方面,比方拿眼前某种事或物来做说笑话的资料,丝毫不牵涉聚在一起的人,或拿最近发生的社会奇闻做说笑资料,也可以无中生有,临时编造一个笑话。而开玩笑的内容,更要针对听笑话的人承受的程度,对有地位、有学问的人说粗俗的笑话,会显出你的鄙陋;对普通人说高雅的笑话,他们无法领会,不会觉得好笑。有的时候开玩笑应适可而止,在玩笑中往往会产生最严肃的问题,没有比开玩笑需要更多的警觉和技巧的了。在开玩笑之前,要弄清楚其他人在多大程度上经得起你开的玩笑。要谨记,开玩笑的前提是不要伤害别人。

❀ 话多容易惹来是非

俗话说，吉人之言少。通俗的说法就是"多吃饭，身体好；少说话，水平高"。作为一个聪明的女性，应该懂得少说话多做事的道理，以避免言多有失。

沉默寡言的女人固然给人不合群、孤僻的感觉。但是与喋喋不休的女人比起来，后者更令人讨厌。如果你是一位刚刚进入职场的女性，说话更要有分寸，要明白有些话可以说，有些话不能随便说。所以，会说话的女人善于言谈却也懂得适可而止，该保持沉默的时候就保持沉默。

总公司的市场经理王艳到下属分公司指导工作，中午请部门同事一起吃饭。席间谈起一位刚刚离职的副总刘爽，入职不久的李晓聪心直口快地说刘爽脾气不好，很难相处。王艳说："是吗？是不是她的工作压力太大造成心情不好？"李晓聪说："我看不是，三十多岁的女人嫁不出去，既没结婚也没男朋友，老处女都是这样心理变态。"

闻听此言，刚才还争相发言的人都闭上了嘴巴。因为，除了李晓聪，那些在座的老员工可都知道：王艳也是待字闺中的老姑娘！好在一位同事及时扭转话题，才抹去王艳隐隐的难堪，而事后得知真相的李晓聪则为这句话差点儿肠子都悔青了。

有句话叫做"祸从口出"，在和同事交往中一定要把好口风，什么话能说,什么话不能说,什么话可信,什么话不可信,都要心里有底,这样才能够与大家和谐相处,避免犯下不可挽回的错误。

所以,职场新人一定不要信口开河,因为你刚来公司,对很多情况不熟悉、不了解,自以为是的发言可能会给你带来不可弥补的失误,甚至会给你以后的职场生涯埋下隐患。

要知道,只要人多的地方,就会有闲言碎语。有时,你可能不小心成为"放话"的人;有时,你也可能无意中成为别人"攻击"的对象。职场中,切忌在背后说人闲话。闲话就像噪声一样,影响人的工作情绪,同时也影响你的人际关系。聪明的女性懂得,该说的就勇敢地说,不该说的绝对不会乱说。那么,在办公室里和同事之间的交往过程中说话要注意哪些事项呢?

1. 办公室里有话好好说,切忌在同事交谈中寻找辩论的乐趣

在办公室里与人相处要友善,说话态度要和气,要让人觉得有亲切感,即使是有了一定的级别,也不能用命令的口吻与别人说话。说话时,更不能用手指着对方,这样会让人觉得没有礼貌,让人有受到侮辱的感觉。虽然有时候大家的意见不能够统一,但是有意见可以保留。对于那些原则性并不是很强的问题,有没有必要争得你死我活呢?的确,有些人的口才很好,如果你要发挥自己的辩才的话,可以用在与客户的谈判上。好辩逞强,会让同事们敬而远之,久而久之,你不知不觉就成了不受欢迎的人。

2. 不要跟在别人身后人云亦云,要学会发出自己的声音

老板赏识那些有头脑和主见的职员。如果你经常只是别人说什么你也说什么的话,那么你在办公室里就很容易被忽视,你在办公室里的地位也不会很高了。不管你在公司的职位如何,你都应该发出自己的声音,应该敢于说出自己的想法。

3. 不要在办公室里当众炫耀自己,不要做骄傲的孔雀

如果自己的专业技术很过硬,如果你是办公室里的红人,如果老板非常赏识你,这些就能够成为你炫耀的资本了吗?骄傲使人落后,谦虚使人进步。再有能耐,在职场生涯中也应该小心谨慎。强中更有强中手,倘若哪天

来了个更加能干的员工，那你一定马上成为别人的笑料。倘若哪天老板额外给了你一笔奖金，你就更不能在办公室里炫耀了，别人在一边恭喜你的同时，一边也在嫉恨你呢！

4．办公室是工作的地方，不是互诉心事的场所

我们身边总有这样一些人，她们特别爱侃，性子又特别直，喜欢和别人倾吐苦水。虽然这样的交谈能够很快拉近人与人之间的距离，使你们之间很快变得友善、亲切起来，但心理学家调查研究后发现，事实上，只有1％的人能够严守秘密。所以，当你的生活出现个人危机，如失恋、婚变之类，最好还是不要在办公室里随便找人倾诉。当你的工作出现危机，如工作上不顺利，对老板、同事有意见和看法，你更不应该在办公室里向人袒露胸襟。自己的生活或工作有了问题，也应该尽量避免在工作的场所里议论，不妨找几个知心朋友下班以后再找个地方好好聊。

5．切忌喋喋不休，独占谈话时间

许多人在与同事交谈中，总将自己放在主要位置，自始至终一人独唱主角，喋喋不休地推销自己，滔滔不绝地诉说自己的故事。有个名人说过，漫无边际地喋喋不休无疑是在打自己付费的长途电话。这样不但不能表现自己的交谈口才，反而令人生厌。"一言堂"不能交流思想，不能增进感情。交谈时应谈论共同的话题，长话短说，让每个人都充分发表意见，留心别人的反应，这样才能融洽气氛，众情相悦。正如亚历山大·汤姆所说："我们谈话就像一次宴请，不能吃得很饱才离席。"

6．切忌逢人诉苦，散播悲观情绪

生活中，每个人都会遇到挫折和苦难，但每个人的处理方式会不同，有的人迎难而上，有的人知难而退，有的人却将苦难带来的愁苦传染给别人，在众人面前条陈辛酸，以获取同情。在与同事交际中一味地诉苦会让别人觉得你没魄力、没能力，会失去别人对你的尊重。

7．切忌过于张扬，显示自己的"小聪明"

在与同事的言谈中，谈话的内容往往涉及天文、地理、历史、哲学等古

今中外、日月经天、江河行地般的话题。如果你在交谈中表现"万事通"、"耍大能",到时定会自己打自己的嘴巴,砸自己的脚。因为交谈是相互了解、相互交流的方式,而不是表现学识渊博、见识广泛的舞台。更何况老子曾说过:"知者不言,言者不知。"交谈中什么都说的人其实什么都不知道。

❀ 纯过了头，就变成了蠢

社会是复杂的，它有虚假、丑陋和邪恶，单纯的人生活在其中，倘若不具备保持单纯的高明手段，就不能战胜邪恶，最终只能被邪恶吞噬。唐代的《变通学》中指出："忠臣应比奸臣还要奸，不如此，忠臣就难以伸张正义。"从这个意义上来说，太单纯的人的确应该注意，在复杂的社会中如果心思太简单、太真诚了，一不小心就会上当受骗，有时甚至会被自己的过分真诚搞得狼狈不堪、头破血流，甚至不可收拾。

人的确需要忠厚单纯，不能欺骗他人，更不能坑害他人，这是做人的一个基本准则。但是，有些人不懂策略，不知道如何保护自己的权益，对他人毫无防范之心，因此经常上当受骗，经常吃亏。所以，这种单纯就带有损害自己的性质。

如果说襟怀坦白是做人的美德，那么，万千过于单纯的人正是这种坦白天性的急先锋、总代表。用这种性格引发出来的思维方式和意识形态，总的说来可归纳成以下诸方面：

（1）人生领地不设防，以其光明磊落之心，度天下百万生灵之腹，孩提般天真地认为：自己既然无私无隐，毫无谋算、构陷、伤害他人之心，那么，他人又怎能长着一副和自己截然相反的心肝？又怎能去做那些违背人类公德、违反人性本质的事情呢？这样一想，自己的心思也就单纯了，遇到任何事情都往好了想，最后结果就是单纯不设防，让人乘虚而入。

（2）慈悲为怀，怜人惜物。既然单纯的人的心灵世界是无遮无挡的，那么，他们的性情就一定是温软如棉的。因为既然单纯的人的眼里全是一味的美好，看不到半点儿敌人的影子，看不到世人的心灵世界，并不是"全体一律坦白"客观现实，那么，他们的爱心，其范畴也就是失去了尺度和方圆，就像泛滥的江河一样，冲破了理智的大堤，漫无边涯地八方流淌，缺乏自制自控的能力，缺乏自我规范的毅力，其结果是心慈手软，很难应付生活中突然的事变，很难对付小人发动的突然袭击。而且即使已经看到了小人的举动，也不忍心去抵抗、去反击，还幻想要用自己宽泛无边的爱心去感化那些铁石心肠的小人！

（3）意气行事，太重感情。感情对于我们人类而言，就如同生命中的血液一样无比珍贵。正因为感情是鲜红的热血，是生命的乳液，是无比珍贵的生命内涵，我们才必须要珍惜这份感情，把它守护在自己的心灵世界。如果不这样，让感情随意散发，那种浪费给人生和生命带来的亏空，是笔墨所不能形容的。

过于单纯的人正是这种随意浪费感情的人们。他们的心肠软，心性直，所以，一遇到别人的甜言蜜语、眼泪、许诺，顷刻间就热血沸腾，恨不得把自己体内的真情一股脑儿地和盘托出，毫不顾忌、毫无保留地奉献给对方。而有些人正是利用这种意气行事、太重感情的天性，给过于单纯的人下迷魂药，待到他们失去理智时，这些人便可随意行事，去骗取、诈取、索取他们所需要的一切了。

那么，这类愚笨无知的单纯人怎样做才能让自己把握好做人的单纯度呢？

这类人应该认识到，这是在人生发展的漫长道路中形成的，因此要改变这种人格弱点也不是一天、两天的事，它需要你认真地去改正，去掌握究竟什么才是适度的单纯。

1. 首先要认识到自己的这个弱点，并且有能够把握不超出底线的决心

要清楚认识到自己身上存在的这类弱点，以及带来的后果（尤其是已经形成的恶果），要认识到已经到了非要去除这类弱点的时候。没有这种"痛切

的自我认识"，只是被人所指责、批评，是永远不能去除自己的这种弱点的。

2. 有信心自己能够做一个聪明的单纯人

相信自己能去除这类"弱点"。首先要反省一下自己过于单纯形成的原因。要对症下药，从根本上祛病，恢复自信心。单纯指人之所以单纯，在于不说假话。然而现实生活中有一种单纯的人，太过于死板，只讲求内容，不讲究时机、方式、分寸，结果往往是好心不得好报，经常碰壁撞灰。其实这一现象说明了这些人还缺乏丰富的生活经验，缺乏处理复杂事务的技巧，总的来说还是很幼稚的。所以，我们要提高自己处理人际关系的技巧，对待事情要真诚得巧，真诚得妙，真诚得恰到好处。这样的单纯才不会使自己陷入一种尴尬的境地。

3. 要学会如何处理事情，对待小人

单纯的人无法处置自己所面对的黑暗，常常被社会上黑暗的一面所愚弄，弄得自己也很苦恼。这就需要我们不要以一个模式去对待所有的人，即对待单纯的人要单纯地处理；对待黑暗邪恶的人，则要有所保留，让其知道"你所做的那一套我是知道的"。

4. 抓住机遇

要抓住生活中发展自己的机遇，从机遇中显示自我，从机遇中发展自己。开始可能会失败，但是，只要认真总结经验教训，不断提高策略水平，总是能获得成功的。只要有一次的成功，就会激励出自己再接再厉的勇气。一直将这种勇气保持下去。

不够真诚是危险的，太过于真诚则绝对是致命的。总之，对于女性来说，单纯的品性是非常需要的，但是如果能做到单纯而不失聪明的话，那就更好了！

你可以不聪明，但不能不小心

身处在这个日益复杂的社会，我们不可直言快语，尤其是女性朋友身处在职场的时候。那里不是江湖，可以快意恩仇。这里是需要多多留心的地方。也许你不善工于心计，但是却要小心他人如此对你。

"逢人只说三分话，未可全抛一片心。"这是古人给我们的谆谆教诲，在职场中绝不能一时兴起就把自己的心思、想法和盘托出。当然，这只是教你根据对象、场合说不同的话，并不是要你做个虚伪之人，更不是要你去撒谎。只是提醒你万不可把心掏出来给对方，用心和他交往，那就有可能"受伤"。这也是小心行事、小心说话的表现。

每天都会有人因为直抒胸臆而被公司悄然扫地出门。其实我们全部都被安全假象所欺骗了，因为缺乏清晰的认识，这种事情屡屡发生。我们自以为是地认为，公司中的言论犹如身处外界一般不受拘束，事实上并非如此。

王均瑶是公司里的客户代表，工作能力比较强，手头也有一些铁杆客户，因此十分傲气，不把同事放在眼里，而且也不把上级放在眼里。部门开会，她一句客户约她喝茶的理由就可以不参加。甚至总经理让她做点什么，她都会敷衍了事，甚至说："这种事情交给下面谁不行，反正他们也做不好业务，闲着也是闲着，就不要来占用我的时间了。"

终于有一天总经理山洪暴发了："解雇她！这样的'独狼'只会破坏我

们的整个团队,连我这个总经理的话她都可以当作耳旁风,还有谁能管理她?"当然,现场只有市场部主管。"这个,我也认为应该解雇她,但是她手上一直攥着几个重要客户,如果踢掉她,恐怕没人能够马上接手她的工作。而且,她也许会带着这些客户投靠我们的对手的。此事被董事会知道了,还会认为是我们赶走了一个人才。"市场部主管发表了自己的看法。

总经理沉吟了一会儿:"如果这样的话……那我给她加官总可以吧?"

于是公司成立了一个调研部,令大家感到意外的是,这个部门的主管正是王均瑶。这个消息在公司散播开来,有人说总经理是大人有大量,有人说这么一个普通的客户代表突然升到高位简直是儿戏……但是无论怎样,王均瑶却表现得意气风发,现在成了主管不用天天跑业务,只要做好市场策划调研就行了,关键是职位高、薪水好、福利好。王均瑶觉得这是自己应得的奖赏。

当然,出任主管的王均瑶要移交出自己的客户,不过在王均瑶看来这不是什么问题,既然自己都拥有了一个部门,还计较这些干什么呢。随之而来的事情却是她所没有预料到的,习惯跑客户的她却并不擅长做市场策划调研工作,更不习惯团队管理,她手下的人并不服从她的管理,结果两个月过去了,她的部门一点儿业绩都没做出来。她不得不拉下脸皮找原来的部门主管求助,想借用下资源,但是人家却婉言拒绝了。

王均瑶不得已之下去找总经理。"你既然是一部之长,就要独立解决问题,如果部门的事情都找我来解决,那你又干什么呢?"王均瑶在总经理这里吃了一个闭门羹。

董事会上,几位理事也表现出相当的不满,他们认为"一个金牌的职员不见得就是一个金牌的主管",他们认为王均瑶所管理的部门完全就是在折腾,根本没有创造出价值,他们一致要求撤掉王均瑶的主管一职。现在王均瑶才意识到自己所处的形势,但是显然已经晚了,她已经完全掉入总经理的圈套中。虽然她主动找总经理要求调回原职,但是总经理以"职位无空缺,接手的客户代表做得非常好"为由拒绝了,并建议她在一个主管手下做内勤。无奈之下,王均瑶辞职了,因为一无所有,在新的公司里她也只能是重新做起。

王均瑶的职场失误,是因为她不够聪明,更为致命的是她不够小心。聪明并不是职场安身立命的必要条件,但是如果不够谨慎小心那就会吃了大亏。

当然这不是说一个人越笨越好,而是你完全不需要有超越大部分人的聪明,你只需要有和你理想匹配的智慧就可以。理想是需要和智慧匹配的,如果理想超过了智慧能达到的程度,那就意味着你将进入一个比你想象更险恶的竞争环境,周围的人聪明都超过你,你只会失败得很惨。看古今众多的案例,多少聪明绝顶的人也纷纷中招下马,我们可以看出:小心才是一个人在职场上最大的聪明。

当然,我们不能否认王均瑶的失败完全是咎由自取,因为她太过嚣张,完全不把其他人放在眼里,以至于不善于打理周围的人际关系,给自己树敌太多。但是我们也应当看到,她职场沦陷的过程完全就是一个阴谋,为了避免此类故事在我们身上发生,我们除了具备一双火眼金睛,更需要一颗万事谨慎的心。

❀ 学会和自己讨厌的人相处

　　人与人之间，若都能敞开心扉，谈笑风生，妙语连珠，畅所欲言，那的确是一种精神上的享受。但是并非事事都尽如人意。日常生活中，我们总会遇见各种各样的人，其中肯定有一些让我们心生厌恶的。这些人有的可能是因为利益的对立，有的可能是因为不好的印象，也有可能是对方身上某种不良的习惯。总之，当见到这类人、闻到这类味道、听到这类声音时，都会让我们产生自然的心理反射作用。这种时候我们当然都会倾向和那些与我们有共同点的人打交道。

　　但是，我们要明白，这是一种非常不理智的心理。假如这个人根本就没有对你发生过任何利益的纠葛，那就只是你主观意识在作祟，导致你排斥、不愿接触对方；如果对方也有同样的回应，就会造成互相敌对的局面，相信这对任何人都是没有好处的。

　　所以，为了不因对某人毫无理由的"好恶"而到处树敌，我们需要学着去试着和你不喜欢的人交朋友。有时候你可以换个角度去看，也许在我们讨厌的人身上也有值得我们学习的优点呢。

　　孟芳在公司的执行部工作得一直很顺利，直到碰上了一个让她反感讨厌的人。那原本是客户部的一个小姑娘，名牌大学毕业，一进公司就张扬得不得了。不过老板却很看重她，没过多久她就成了客户部的经理，和孟芳平起平坐，是孟芳要经常合作的同事。

小姑娘自从当上了经理就不得了，目中无人。所以在工作过程中，她总会找出各种理由来给孟芳的工作找毛病"挑刺儿"，或者给你一句轻飘飘的"我知道了"。让孟芳觉得自己费了那么大的精力做出来的成绩，到了她那里，根本就没什么了不起的。但如果当执行部有什么事情处理不当时，那她的精神可就来了，能逮住孟芳说上三天三夜，不把这件事情搞得全公司都知道，她就不会善罢甘休。

所以为此，孟芳经常去总监那里投诉，抱怨客户部的苛刻和她的为人。但是总监并没有理会孟芳的抗议，而是建议孟芳去和她建立友谊，"她也许是个'恶霸'，但是人品和工作是两码事，她的工作能力也是很不错的，也有你的学习之处。"

听了总监的话，孟芳渐渐地开始对小姑娘进行友善政策，甚至主动提出和她共进午餐。"人是感情的动物"这句话一点儿都没有错，自从吃了饭，最起码在工作上，她再不会去给孟芳挑刺，而且经常去提醒孟芳各种需要注意的工作，遇到大的案子两个部门还会坐下来平心静气地商量。虽然不可能是很好的朋友，但是孟芳明白，最起码大家不会再产生什么重大的"交火"了。

如果你在心里说："我绝不和我不喜欢的人交朋友，那会显得我没有骨气。"那么，你也就只能等着吃亏。在生活或者职场中，我们不得不和这些讨厌的人抬头不见低头见的，这种情况下，我们就应该学习孟芳的做法，要尽量地礼让、容忍，不必成为好朋友，但是也没必要搞得像仇人一样。主动一点儿对其表示友好，除了可以在某种程度之内降低对方对你的敌意，也可避免恶化你对对方的敌意。

事实上，学会和你不喜欢的人交朋友，并不如想象中那样难，自己的想法是最关键的，只要你能克服心理障碍，就没有什么做不到的。那么，如何与不喜欢的人打交道呢？首先，我们可以增加彼此接触的机会，对对方好一

些。也许你选择躲避这些人，但多接触也许会改善关系。但是切记在接触时千万不能表现出自己的厌恶感，为了以防万一也要保持适当的距离。其次就是要主动活跃气氛，大家在一起相处的时候，多讲讲笑话，大家一起乐一乐，虽然这样做可能不太容易。再次，就是要投其所好，如果对方有什么爱好，那么就可以从此入手，如此可改善关系。最重要的就是对其包容和忍让。哪怕你善待对方，对方还是对你不好，你仍旧要继续保持这种与对方友好的态度，毕竟连草木、动物都有感情，更何况是人呢？只要心存善念不断地付出，对方一定会转变。而且在你们关系僵持或恶化的时候，一定要主动表示友好，不要碍于面子、难为情。

　　总的来说，与自己讨厌的人相处还是要学会沟通。我们的个人喜恶只能代表自己的想法，但生活还是要继续的。学会沟通才能消除嫌隙以避免冲突、获得尊重，懂得欣赏别人的优点，懂得发挥别人的长处才能帮助自己成长。学会与你讨厌的人去相处，特别是对待比自己强的人，适当地妥协能够换回别人对自己的支持。要想在社交场合如鱼得水，首先就要明白这一点。所以，只有学会如何与不喜欢的人相处这门学问后，你才能够顺利打入各种交际场合和朋友圈子里面去，成为众人之中那个最受欢迎的交际能手。

Chapter 2 秀出你的大智慧，太单纯的女人注定失败
——借你一双读心识人的慧眼

❦ 有理也要让三分，展现君子风度

生活中有很多这样的人，无理也要争三分，得理一定会不让人，小肚鸡肠。之所以如此，正是因为自古以来所流传的那句俗语——"有理走遍天下，无理寸步难行"。他们认为，只要有充分的理由，做任何事情都不用害怕，甚至更多的人会据理力争，不顾别人的脸面。相反，有些人真理在握，却不吭不响，得理也让三分，显得豁达而柔顺，一派君子风度。前者，往往是生活中的不安定因素，后者则是一种天然的向心力。一个活得唧唧喳喳，一个活得潇洒自然。争强好胜者未必掌握真理，而谦虚的人，原本就把出人头地看得异常平淡，更不屑说一点儿小是小非的争论，根本就不值得去称雄了。当人与人之间遇到一些小摩擦时，往往也是考验一个人的修养的关键时刻。有的人可以冷静地面对所发生的一切，事情往往会顿失前嫌，化险为夷，一切风平浪静；而如果不依不饶，得理不让人，往往会火上浇油，小事变成大祸，后果难以设想。得礼让人，才能不至于让别人尴尬，给了别人一条路，同时也算是给自己留了条路。

在美国，曾有位叫马辛利的总统，因为用人问题，遭到一些人的强烈反对。在一次国会会议上，有位议员当面粗野地讥骂他。他极力忍耐，没有发作。等对方咒骂完了，他才用温和的口吻道："你现在怒气应该平和了吧，照理你是没有权力这样责问我的，但现在我仍然愿详细解释给你

听……"他的这种让人姿态,使那位议员羞红了脸,矛盾立即缓和下来。试想,如果马辛利得理不让人,利用自己的职位和得理的优势,咄咄逼人进行反击的话,那对方是绝不会服气的;马辛利得理也让人,不与他人计较,不愧是一个大智者,得理让三分,这一招他做得非常好。

当一个人做错事时,会产生两种心理:一种是感到悔恨、抱歉,希望能给你补偿;另一种是认为和你的交情已无法挽回,从此与你为敌。他能走上哪条路,要看你自己。当你牢记别人与你的私怨,就等于你向别人打出了战牌;而宽容和忘却则是一种召唤,是给予他人和自己一次重新开始的机会,在给别人机会的同时,也同样给了自己一个机会。

三国时期,诸侯割据称雄,各个势力长期混战,力量此消彼长。曹操在这个过程中逐渐强大起来,成为唯一能和袁绍相抗衡的力量。

不过在当初,袁绍的势力远远大于曹操。曹操很多部下与袁绍暗中勾结,来为自己留条后路。官渡之战结束后,曹操将所得金宝缎匹赏给军士。在清理战利品时,曹军从袁军大营里缴获了一大摞书信,都是曹操的部下写给袁绍的密件。那些写了信的人见秘密即将败露,一个个胆战心惊,不知如何是好。

曹操左右的人提议:"可逐一点对姓名,收而杀之。"曹操说:"当绍之强,孤亦不能自保,况他人乎?"曹操连一眼也没看,下令将信件付之一炬。

仔细思量,曹操烧信化敌为友,可谓匠心独具。他的可圈可点之处在于给了他人改正错误的机会。曹操是看透了人性的,人在特殊情况下,被眼前利益驱使,都有可能说错话,做错事。反之,如果曹操小肚鸡肠,睚眦必报,对昔日有意叛逆者追查到底,那么极有可能造成军心动摇;况且,当时正是用人之际,消除了异己,实力也将大大受损。

也正是曹操这种既往不咎的烧信之举,让部下觉得他宽宏大量,值得追随、报效，是一个靠得住的首领，所以才有了后来的众多武将、谋士纷纷投靠，为曹操的魏国天下出谋出力，夺下了整个中原大地。

如果当别人在犯了错的时候，给对方以弥补错误的机会，给对方以自尊，相信大部分人都会为其宽容博大的胸怀所折服，会忠诚而积极地卖力回报。反之，不给对方以纠正的机会，当机立断地施以责罚和惩处，不仅不会让对方信服，更会挫伤对方的积极性。可见，同样一种情况，用不同的方式处理，得到的结果也自然不同。有理让三分，可以赢得尊重，赢得朋友，更会给自己带来许多意外的收获。

"小姐！你过来！你过来！"一位顾客高声喊，指着面前的杯子，满脸寒霜地说，"看看！你们的牛奶是坏的，把我一杯红茶都糟蹋了！"

"真对不起！"服务小姐一边赔着不是，一边微笑着说，"我立即给您换一下。"

新红茶很快就准备好了，碟子和杯子跟前一杯一样，放着新鲜的柠檬和牛奶。小姐轻轻放在顾客面前，又轻声地说："我是不是能建议您，如果放柠檬就不要放牛奶，因为有时候柠檬酸会造成牛奶结块。"那位顾客的脸一下子红了，匆匆喝完茶，走了出去。

有人笑问服务小姐："明明是他错了，你为什么不直说他呢？他那么粗鲁地叫你，你为什么不还以颜色？"

"正是因为他粗鲁，所以要用婉转的方式对待；正因为道理一说就明白，所以用不着大声。"小姐说，"理不直的人，常用气壮来压人。理直的人，要用气和来交朋友！"

每个人都点头笑了，对这家茶馆增加了许多好感。往后的日子，他们每次见到这位服务小姐，都想到她"理直气和"的理论，也用他们的眼睛，证明这位服务小姐的话有多么正确：他们常看到，那位曾经粗鲁的客人和颜悦色、轻声细气地与服务小姐寒暄。

明朝洪应明著的《菜根谭》中说:"处世让一步为高,待人宽一分是福。"古人还有"有理也要让三分""得饶人处且饶人"等不少名言警句。这些句子无疑都告诫人们,得理也要让人,要讲礼让、谦让、退让和忍让。天下只有一种方法能得到争论的最大利益——那就是避免争论。如果你辩论、争强、反对,你或许有时会获得胜利;但这种胜利是空洞的,因为你永远得不到对方的好感了。在我们理亏的时候,我们要谦逊而真诚地道歉;即使我们有理的时候,我们也要给人以温文尔雅的感觉。

不要忘记那句古语:"用争夺的方法,你永远得不到满足;但用让步的方法,你可能得到的比你期望的更多。"所以,为了培养和锻炼良好的心理素质,你要勇于接受忍让和宽容的考验。

❀ 交友要慎重，切记不要太单纯

不管是在古代还是在现代社会中，有一种人以广泛结交朋友为荣，可以说三教九流，无所不交。严格地说，这不是在交朋友，只不过是不负责任的一般交际行为。真正的君子之交，虽然淡如水，但是在关键时刻却浓于血。真正的朋友不在于相互利用，而在于共同的志向和思想，彼此之间相互帮助、相互扶持，不会因为一些小惠小利而斤斤计较。

女人在交朋友的时候，一定要懂得哪些朋友是可以深交的，哪些朋友只可以泛泛而谈，不可过于深入。也就是要懂得"精选"，懂得选择那些真诚宽厚、知识渊博之人，在各自事业上能互帮互助、共同提高，而要"筛"掉那些带有某种功利目的之人，如以权势相交、以利益结交的人。因为人最容易在自己最好、最亲密的朋友身上吃亏。正如安全的地方，人的思想总是松弛一样，与好朋友交往时，你可能只注意到了你们亲密的关系在不断地增温，却忽略了他带给你的伤害，等到无法挽回时，再后悔已经来不及了。

曹心璇上大学后便违背了父母的意愿，放弃了医学专业，专心于创作。值得庆幸的是，偶然的机会她遇到了知名的专栏作家金青凝，她们成了知心朋友，无所不谈。金青凝悉心指教，曹心璇不久便寄给了父母一张刊登自己文章的报纸。一个人在挫折时受到的帮助是很难忘记的，更何况是朋友，曹心璇与金青凝几乎合二为一了，一同参加鸡尾酒会，一同去图

书馆查阅资料。曹心璇把金青凝介绍给她所有认识的人。但这时金青凝面临着不为人知的困难，她已经拿不出与名声相当的作品了，创作几乎枯竭了源泉。曹心璇把她最新的创作计划毫无保留地讲给金青凝听时，金青凝心里闪过了一丝光亮。她端着酒杯仔细听完，不住地点头，其罪恶想法就产生了。不久，曹心璇在报纸上看到了她构思的创作，文笔清新优美，署名是"金青凝"。曹心璇谈到她当时的心情时说："我痛苦极了，其实，如果她当时给我打一个电话，解释一下，我是能够原谅她的，但我整整面对报纸等了三天，也没有任何音信。半年之后，我在图书馆遇到了金青凝，我们互相询问了对方的生活，以免造成尴尬，然后，很有礼貌地握手告别。"自那件事以后，她们两个人全都停止了创作。

　　我们在择友时，首先一定要明确自己的标准，远离那些势利小人。因为与朋友断绝往来是一件十分痛苦的事情，可是，谁也不敢打包票自己交的朋友就都是益友，如果你交到损友，而又不愿意与其彻底决裂，则当断不断必遭其乱，最后受伤害的一定会是你。所以我们要结交品行端正、心地善良、乐于助人、勤奋上进的人。这样的朋友就是益友，一生中都会对你有很大帮助。

　　当然了，当你通过交往认识到对方并不适合做你的朋友时，就应该长痛不如短痛，在友情的大道上来一个急刹车，以免自己步入深渊难以自拔。生活中好多人因交友不慎走上违法犯罪的道路，从而使自己的前程、理想事业全部化为乌有。

　　某电子产品销售公司的经理赵某，在业务往来中结交了许多朋友。一天，一个朋友和他一起吃喝玩乐后把他带到宾馆的一间豪华房间，神秘地递给他一支香烟。赵某毫不介意地抽了起来，不一会儿，赵某感到异样，这时，朋友告诉他，香烟中放了毒品。赵某当时十分气愤，转身就离去，但初次吸毒的体验却使赵某产生了这样的想法：再吸一次。于是，他再次找到那位朋友，又要了一些毒品。从此，赵某一发而不可收，一个月过后，他已经成了一个十足的"瘾君子"。公司业务没心思过问，妻子也不去关心，他只是不断地动用自己的积蓄，花费巨资用来购买毒品，而向他提供毒品的，正是勾引他第一次吸毒的那位"朋友"。短短两年时间，赵某就花掉了几十万元的积蓄，妻子多次规劝，赵某自己也曾多次痛下决心戒毒，两次进戒毒所，但都无济于事，妻子失望之余弃他而去，赵某悔恨不已。后来赵某万分绝望之下从一座20多层大楼的顶部跳了下去，结束了自己的生命。一个颇有前途的企业领导人，就因为交友不慎，被骗吸毒，最后竟丧失了自己的生命。

交朋友还是有大学问的，尤其是走向社会以后，各种不同的人聚在一起，没有想象的那样单纯。所以交友一定要谨慎，不能乱交。一般来说，下面的5种朋友是应该尽早与之断绝往来的，与其和这些人打交道，不如珍惜你的时间、精力和金钱，去结交值得结交的朋友。

1. 只关心彼此间利益的朋友不可交

朋友之间的谈话应多多涉及兴趣、爱好、志向及对某一事的看法。如果朋友只跟你谈物质利益、谈钱，则可将之归于"俗友"之列。这种朋友对你虽无大害，但长期交往下去，一则浪费你的时间，二则难免使你变"俗"，因此不宜深交。况且这种"俗友"一般很现实，当你处于危难之时他不会对你伸出援救之手支持你、帮助你，对这种朋友，作为泛泛之交即可。

2. 酒肉朋友不可深交

酒肉朋友当你能给他实惠时，他们看上去与你的感情很好，但当你真正需要他们帮助时，他们会一点儿表示都没有。

例如，财务公司的小刘与办公室的几位同事非常要好，经常一起逛街购物。当她们坐在咖啡厅或者饭桌前聊天时，经常会发一些牢骚，抱怨公司的一些领导或者同事，而后来她们发的牢骚被领导得知，要开除小刘时，其他几位同事竟没有一个仗义执言，令小刘十分伤心。

3. 两面三刀者不能交

有的人惯于表面一套，背后一套，这种人"明里一盆火，暗里一把刀"，表面上对你客套亲切，背地里却可能置你于死地。与这样的人交往时，应多注意他周围的人对他的反应，与这样的人在短期交往中很难发现这种性格特征，但接触时间长了便会清楚明白了。对这样的人应该小心对待，千万不能与这种人交朋友，不然他会令你大吃苦头。

4. 势利小人绝不可交

势利小人的一个通病是，在你得势时，他锦上添花；当你失势时，他落井下石。他不懂得什么是真诚，他只知道什么是权势。如果某人是非常势利、见利忘义的那种小人，这种人不适合作为朋友出现在生活中。

Chapter 3

内在不较劲,外在不抱怨
——淡定,一种不纠结的活法

❊ 人要懂得适时"低头"

在这个社会中生活，总有一些时候，主动权不是掌握在你的手里，而是掌握在别人的手里。不管你从事什么职业，你都需要求人，都需要表现低姿态。大丈夫要能屈能伸，人在矮檐下，一定要低头。要知道求人和对人低头是我们在生活中经常遇到的问题，我们不应该害怕。表现出低姿态，一方面表明，在某些问题上，主动权不在你手里；另一方面也说明你在发展。一个人在发展事业的初期，总是求人的时候多。对人低头的意思并不是说你低人一等，而是意味着你在相对的人际关系之中处于劣势。

有很多刚刚进入职场的女性，为了稳固自己的职场地位，在激烈的竞争中占得一席之地，总是会很迫不及待地为自己找机会显露才能和实力，以为这样便能很快得到上司和同事的认可。其实，刚进入职场的女性朋友一定要懂得，什么事都做得最好让人注意，或许是会让你引起老板的重视，但是你也切不可忽略了周围同事的目光。你的锋芒毕露，有时候在他人看来，实质是一种阻碍他人成功的表现。

如果你刚进入职场就锋芒毕露，会令你过早地卷入升迁之争，作为一个无足轻重的新人，很有可能在一种暗箱操作和利益交换中，成为无辜的牺牲品。所以，如果现在的你还不具备厚积薄发的实力，那么为了自己的未来事业，还请悠着点儿，更要学会"低头"。

中国有句古语说得好："好话不可说尽，力气不可用尽，才华不可露尽。"倘若你还没有厚积薄发的底牌，却过早地一股脑儿地将十八般武艺悉数亮将出来，那吃亏的肯定是自己。所以，初涉职场的人，不要太过于显露自己的才能和实力，盼望尽快得到他人的认可和刮目相看。而要稳走稳"打"，把自己当前的任务完成好，这样，你才能在职场中站得更稳。

晨曦通过激烈的竞争进入了一家知名的大公司。分在办公室做事的她，虽然年轻稚嫩，但面对反应迟钝、对领导点头称是的办公室主任，晨曦总觉得自己在哪方面都有优势。于是她主动请示办公室主任，并且把那些枯燥乏味的撰写报告任务接了下来。

一次，总经理需要完成一份学术论文，请她帮忙，晨曦终于看到了机会。于是，仗着领导的重用，晨曦反客为主，开始指派主任以及安排办公室的一些日常事务。主任依然如故，即便别的同事颇有微词，他始终笑嘻嘻的，就算面对晨曦的指手画脚，他依然保持着那份招牌式的笑容。学术论文晨曦完成得非常漂亮，老总很满意。

领导的赏识和态度让晨曦暗自得意，她渐渐地越来越进入角色。此时主任在工作上的权力，几乎已经被晨曦所取代。晨曦得意地认为，这个主任她已经当定了，就等领导在适当的机会宣布结果了。

只是事情并不如晨曦想得那么简单。两年一度领导换届的结果，主任依旧以遥遥领先的票数继续留任主任一职，晨曦获得的只是领导的口头表扬和鼓励。不服气的晨曦直接去找老板，老板笑眯眯地告诉她：做领导仅有能力是不够的，更需要经验和能够服众的品格，你还年轻，好好学着点，继续努力！老总的话让晨曦似懂非懂，但看见其他员工对"平庸"的主任的尊重和支持，她似乎明白了自己究竟输在了哪里。

刚进入职场的人，在你还没有站稳脚跟的时候，大展锋芒并不是明智之举，至少会使自己陷入被动局面。因为在无形中，你将自己的定位定得很高，并且处处想显示自己的才干和见识，这样无形中就对老板和身边的同事

构成了一种威胁和压力。因为这种压力和关注，当你一旦有所闪失时，他们的反应会更强烈，轻则对你的过错不言不语，重则落井下石。处处在别人的监视下工作，想必也不是你所希望的吧？

在企业中，老员工与新员工最大的不同在于两者对工作的认识和行为方式不同。在心态上，老员工认识到自己是企业的一分子，做事要讲责任、讲规矩、讲团队、讲业绩；而新员工往往以自己为中心，做事喜欢谈个性、谈辛苦、谈回报。同时，每个老板都不希望看到狂妄自大的员工，在合作团队中，自以为是的年轻人也会成为最不受欢迎的人。当年轻的"傲气"遭遇老板和同事的冷面孔，当一次次的"创意"被打击为不成熟，职场新人骄傲背后的苦闷和压抑也就不难理解了。

因此，初入职场，虽然内心里不要放弃那份积极与热情，但在表面上，却要更加冷静，多一点儿内敛。当我们还没有足够的实力的时候，我们就不能对个人的尊严抱过高的奢望，而必须依靠自己内在的尊严生活和工作。比方说，做事之前多请示，多向同事和领导请教；在取得成绩的时候，把功劳分给更多的人。只有掌握了这些，才能更好地度过与职场的磨合期。

Chapter 3 内在不较劲,外在不抱怨
——淡定,一种不纠结的活法

❋ 助人即助己

对于我们生存的这个世界来说,人是最宝贵的。对于生存于世的每一个个体来讲,人也是最重要的。只要你生存在这个世界上,不管你愿意与否,你都必须与人打交道,如今再没有人能够到森林山洞去隐居,去忍受鲁滨逊式的孤独生活。为了让自己的努力换来更大的成功,我们离不开社会环境,离不开周围的人。

我们生活在社会上,就要处理各种人际关系,并且努力地去开拓它。而拓展人际关系的一大法宝就是伸出热情的手,去帮助和关怀别人,因为我们的帮助,不仅能助人一臂之力,能给对方带来力量和信心,也能使自己从中收获一份更为坚实的友谊。另外,别人对你也定会有"滴水之恩,当以涌泉相报"的感激。一个人若"只顾自扫门前雪,不管他人瓦上霜",把帮助别人看做"自找麻烦""自讨苦吃",是不会有朋友的,而且这种人通常也不可能会攀爬得很高,因为一切有利的途径都被自己堵死了。

在这个商品经济时代,越来越多的人表现出自私自利的人性弱点,有人甚至为了自己的利益,不惜损害别人的利益。我们应该明白,用老百姓的一句话说就是,这一辈子谁还没有用得着谁的时候?其实,谁都不知道将来会需要谁的帮助,与人方便,自己方便,何乐而不为?

乔娜是一位青年演员,刚刚在电视上崭露头角。她美丽迷人,优雅

大方，很有天赋，演技也很好，开始扮演小配角，现在已成为主要角色演员。从职业上看，她需要有人为她包装和宣传以扩大知名度，因此她需要一个公共关系公司。不过，要建立这样的公司，乔娜拿不出那么多钱来。偶然的一次机会，她遇上了马莉。马莉曾经在纽约一家最大的公共关系公司工作过好多年，她不仅熟知业务，而且也有较好的人缘。几个月前，她自己开办了一家公关公司，并希望最终能够打入公共娱乐领域。到目前为止，一些比较出名的演员、歌手、夜总会的表演者都不愿与她合作，她的生意主要还只是一些小买卖和零售商店。两人一拍即合，联手干了起来。乔娜成为她的代理人，而她则为乔娜提供出头露面所需要的经费。她们的合作达到了最佳境界，乔娜是一名好演员，时下的电视剧中也有她的角色，马莉便让一些较有影响的报纸和杂志扩大对她的宣传。这样一来，她自己也变得出名了，并很快为一些有名望的人提供了社交娱乐服务，她们付给她很高的报酬。而乔娜不仅不必为自己的知名度花钱，而且随着名声的扩大，也使自己在业务活动处于一种更有利的地位。

通过马莉和乔娜的相互合作与需要，我们可以看到这样一种格局：乔娜需要求助于马莉，获得为自己宣传的开支；马莉为了在她的业务中吸引名人，需要乔娜做自己的代理人。你看，她们互相满足了对方的需要。

我们每个人都渴望实现自己的人生目标，但是如果不善于借别人的帮助走向成功，不善于去帮助别人，这是很失败的做人办事之术，与那些取得巨大成功的人相比，可谓太渺小了。有时候帮助别人，其实就是在帮助自己。在你每天遇到的人中，肯定有一些人有能力帮助你提高你的事业，改善你的命运。只要在他们需要帮助的时候，你伸出自己的援助之手，你的命运就可能因此改变！因此最聪明的做人做事之道是——"助人即助己"。如果你怀疑这一点，甚至嘲笑这一点，那么你的人生注定就是失败的。

乔治马修·阿丹曾说："帮助别人往上爬的人，会爬得最高。"如果你帮助其他人获得他们需要的事物，你也能因此得到想要的事物，而且帮助得愈多，得到的也愈多。比如，加拿大雁在本能上很知道合作的价值。它们总是以V字形飞行，而且V字形的一边比另一边长些，字形的一边比另一边长的理由是因为有较多的雁。这些雁定期变换领导者，因为为首的雁在前头开路，能给左右两边的雁造成局部的真空。

帮助别人，无论结果如何都会给我们的内心带来平和与安定，心情也会变得愉快，因为这是一种心灵的最大回报。年轻的女性朋友们，你们为什么不认真想一想呢，患难中的真情让人尤为不能忘记，除了别人心中满满的感激之情，你还会收获一份充满信任的友谊。

❀ 装傻也是一项技术活

人喜欢表现得聪明,可能自己并不那么厉害,却总希望每个人都不如自己,这样的人是真聪明吗?并不见得,这样的人太没有心智了。有人看起来很"傻",平时反应都要比别人慢上半拍,却是个"心里明白"的人,这样的人才是真正的聪明人。

"装傻"是一种境界,是聪明人的所为。其实"装傻"并不是让人唯唯诺诺,忍气吞声。任何事情都有它的模糊地带,"装傻"是换一种方式,把生活中的小事模糊处理。它不是要一个人时时都在"作假",如果这样,那这个人反成为一个比傻子还"傻"的人了,而是一个人为某种所需,而做出适时的"装傻"之举。

人人都想表现聪明,装傻似乎是很难的。这需要有傻的胸怀风度,既能够愚,又愚得起。鹰立如睡,虎行似病。也就是说,老鹰站在那里像睡着了,老虎走路时像有病的模样,这就是它们准备猎物前的策略。

《三国演义》中有一段"曹操煮酒论英雄"的故事。当时刘备落难投靠曹操,曹操很真诚地接待了刘备。刘备住在许都,以衣带诏签名后,为防曹操谋害,就在后园种菜,亲自浇灌,以此迷惑曹操,使他放松对自己的戒备。一日,曹操约刘备入府饮酒,以龙喻人,说起谁为世之英雄。刘备点遍袁术、袁绍、刘表、孙策、刘璋、张绣、张鲁、韩遂,均被曹操

Chapter 3 内在不较劲，外在不抱怨
——淡定，一种不纠结的活法

一一贬低。曹操指出英雄的标准——"胸怀大志，腹有良谋，有包藏宇宙之机，吞吐天地之志。"刘备问："谁人当之？"曹操说，只有刘备与他才是。刘备本以韬晦之计栖身许都，被曹操点破后，竟吓得把筷子也丢落在地下，恰好当时大雨将至，雷声大作。刘备从容拾起筷子，并说"一震之威，乃至于此"。巧妙地将自己的慌乱掩饰过去，从而也避免了一场劫难。

刘备在煮酒论英雄的对答中是非常聪明的。刘备藏而不露，人前不夸张、不炫耀，装聋作哑，不把自己放进"英雄"之列，这办法是很让人放心的。他的种菜、他的数英雄，至少在表面上收敛了自己的行为。一个人活在世上，气焰是不能过于张扬的。

胡适先生晚年曾说："凡是有大成功的人，都是有绝顶聪明而肯做笨功夫的人。"石油大王洛克菲勒曾经给他儿子写过很多信。其中有许多信的内容就是告诉他儿子做人的道理以及为人处世的方法。其中有一封是说"装傻也是一门学问"。这句话说得很好，与我们平时说的"难得糊涂"的道理是一样的。

齐国的隰斯弥去见田成子，田成子和他一起登上高台向四面眺望。三面的视野都很畅通，只有南面被隰斯弥家的树遮蔽了。田成子当时也没说什么，隰斯弥回到家里，叫人把树砍倒，没砍几下，隰斯弥又叫别砍了。他的家人问："您怎么又这样快改变主意了？"

隰斯弥答道："谚语说，知道深水中的鱼是不吉祥的。田成子是有篡位野心的人。如果我表现出能够在精微处察觉事情的真相，那我必然会有危险了。不砍倒树，未必有罪。而知道了别人的隐秘，那罪过和危险就不得了。所以我才决定不把树砍倒。"

我们都知道，"难得糊涂"历来都被推崇为高明的处世之道。只要你懂得装傻，你就并非傻瓜，而是大智若愚。做人切忌恃才自傲，不知饶人。锋芒

太露易遭嫉恨，更容易树敌。功高震主不知给多少下属臣子招致杀身之祸。与上司交往最重要的技巧就是适时"装傻"：不露自己的高明，更不能纠正对方的错误。人际交往，装傻可以为人遮羞，自找台阶；可以故作不知，从而达成幽默，反唇相讥；可以假痴装癫来迷惑对手。

在战场上，当你与敌人交战时，不要太聪明，应学会装傻。因为当你的对手认为你很聪明的时候，他会打起一百二十分的精神来应对你，会让你头痛不已；而当你"装傻"时，你的敌人对你会放下心来。试问如果是你自己的话，会不会对一个看上去没有能力又很蠢的人太留意呢？但是胜负往往就在这一念之间。学会在敌人面前装傻，是一种示弱，但又是一种高明的策略，因为这会为你赢得时间与夺取胜利的机会，甚至是赢得敌人的友谊与宽容的机会，这样的人才更容易成功。而那些不善于适时装傻的人，到最后只有死杀硬拼，终成败将。

所以聪明而不露，才有任重道远的力量。这就是所谓"藏巧守拙，用晦如明"。人们不管本身是机巧奸猾还是忠直厚道，几乎都喜欢傻呵呵不会弄巧的人，这并不以人的性情为转移，所以，要达到自己的目标，就要学会装傻，懂得藏巧，不为人所识破，也就是一种高深的制胜策略。

当今社会，聪明的女人要懂得在必要时刻装傻，这是与人交往时的技巧之一，这也就是指不炫耀自己的聪明才智。其实要做到这一点是非常不容易的，不是人人都可以"傻"得恰到好处。如果没有掌握得恰到好处，反而会弄巧成拙。必要时刻学会装傻才是真正的聪明的人，也不能表现得太聪明了，所以该装傻时就装傻。

❋ 学学猫头鹰，睁一只眼闭一只眼

中国有一句俗语，难得糊涂。现实生活中，我们也要糊涂一些，有些事情即使你看得很明白、很透彻，也不要直接说透，过分的直率有时反而会害了自己。所以很多时候，就不妨睁一只眼闭一只眼睛，看得明白，装作糊涂。当然，人要做到"难得糊涂"这种境界确实不易，这不仅需要有一定的修养，还需要有更大的雅量。

俗话说："规则之外，始终有人情。"有时候在职场上，我们常常会遇到各种各样的琐事，这时候，我们不必看得太过"认真"，该糊涂的时候就应该糊涂，只要不是原则问题，睁一只眼闭一只眼也未尝不可。刚刚走进职场的女性，为人处世都过于耿直，这种耿直有时候可能会影响到自己。如果你凡事都喜欢斤斤计较，那么只会让别人对你心怀怨念，这样你的职场之路只会走得愈加坎坷。

李梅在职场涉足多年，几乎公司所有的人都认得她这张脸。平时只要李梅一上班，前台的小张就会跟李梅打招呼问好，公司其他员工也跟李梅相处得特别好，每年评先进的时候，李梅都会被众人捧之。为什么李梅会在公司这么受欢迎呢？其实，是她懂得怎么做人。

一次，李梅经过前台的时候，小张正好在玩电脑，而这个时候是上班时间，领导规定了在上班时间要专心做事。小张见到李梅后，立马关了游

戏,可却还是被李梅看见了。李梅只是微微一笑,说:"小张,你看见我的那份报告了没?"小张连连说:"嗯,给你送到办公室去了。""嗯,好的,谢谢你了。"李梅说完全当没事,就走向自己的办公室。

在洗手间,李梅无意之中听见两个同事在说领导的坏话。等到两个同事看见李梅以后,都吓了一跳。李梅却只是洗洗手,就出去了。两个同事还心有余悸,可却并没有听到什么风头浪雨的。

就这样,同事们更加信赖李梅了,而且有什么好东西,都拿来跟李梅分享。而李梅这种做事模糊的劲,为她的职场之路带来了好运。

有句成语叫"大智若愚",放在职场中,我们更要学学。有些时候,"糊涂看事"并非是一件坏事,看得太明白,反而会成为绊脚石。因为当你看得太透彻、太明白,就只会自寻烦恼。大凡聪明人都会心如明镜,而不会在口头上戳穿。

糊涂是有"真糊涂"与"假糊涂"之分的。其实,为人处世不妨睁只眼闭只眼,小事糊涂,大事明白,不要为一些琐事去花时间计较,聪明的人暂时"糊涂"一下又有何妨?斤斤计较不可取,退一步是为了更进一步,好汉有时也要吃眼前亏。大肚能容天下事,得饶人处且饶人,宽容是一种度量;风浪来袭,退则保身,糊涂是一种智慧。自以为聪明的人,大事小事上都不会"糊涂",为了一点儿鸡毛蒜皮的小事情,也会拍桌碎椅。这样自认聪明的人,其实是再糊涂不过的人。有句话说得很好:"真正聪明的人,往往聪明得让人不以为其聪明。"真糊涂的人往往会以为自己是最聪明的。"糊涂"一点儿可以让我们在无欲中心境平静。红尘之中本来就是个尘起烟灭的瞬间,只要是能让自己在平凡的旅途上心情愉快地潇洒走过,"糊涂"一点儿是应当的。

精明的人还会利用装糊涂的方式为自己谋取利益。如果你是一名上司,当下属出错时,你要学会睁只眼闭只眼,那么下属会因你"宽容"而心存感激;如果你是一名职员,当看到上司犯无关大局的小错时,你要学会睁只眼闭只眼，这样你的上司为你替自己保全面子而拉近上下级之间的关系。

糊涂不是软弱，它就像紧紧缩起的弹簧，虽然没有强健的外表，但内里却蕴藏着不可忽视的力量。所以聪明的人对小事不能太认真，睁一只眼闭一只眼就好，这并不是说我们可以随波逐流，不讲原则，而是说对无关大局的小事不要过于计较。生活中的一切，只要你细致入微地观察，都会有瑕疵。难道你都一一去追究、去处理吗？这样恐怕只会为自己增加不必要的烦恼吧！其实换一种角度来看待它，将会发现凡事都有其美好的一面。

古人云："水至清则无鱼，人至察则无徒。"其实我们翻看历史，就会发现古今中外的做人哲学都很相似，都要扯面"糊涂主义"的大旗来掩盖自己心中真正的精明。现代社会虽然没了古时的刀光剑影，也少有性命之忧，但是学会装糊涂这门学问却没有失去它特有的光彩。无论是在职场，还是在家庭，总有一些事情需要你装些糊涂。所以我们做人就要学学那"笑天下可笑之人，容天下难容之事"的大肚气量，把所有的精明与糊涂都装在自己的大肚中，而始终以一副笑面应对天下人、天下事。

聪明的女人在职场和生活中一定要学着圆融一点儿，学会睁一只眼闭一只眼，千万不要因为过分认真而导致以后处处碰钉子。

❀ 多给别人表现的机会

要想在办公室里生存，要想在职场这个没有硝烟的战场上赢得最后的胜利，靠的是你的能力和智慧，靠的是你对进退分寸的拿捏和把握，靠的是"害人之心不可有，防人之心不可无"的谋略。你需要知道，职场上没有永久的敌人和朋友，这里只有竞争者和合作者。你要想工作顺心，只有和职场里方方面面的人物搞好关系、和平共处，你才能在职场之路上有一席立身之地，才能走得远、走得高。所以说，聪明的女人就得要低调做人，让自己后退一步，多给别人表现自己的机会。

一个企业新来一位总经理，他召集所有员工开会，谦虚地表示自己初来乍到，请各位对企业的发展提出高见。所有在场的员工要么你推我我推你，要么说些无关痛痒的话。总经理也一脸谦恭，始终微笑而有耐心。

忽然，王霞站了起来，似乎憋了很久："我们公司出现很多问题，要想很好地发展，必须做到以下三条：第一……第二……第三……"讲得慷慨激昂，有理有据，直指当前公司矛盾的核心。其他员工或者静静地看着她，或者低下头，专注于自己的桌面、鞋尖。讲完了，谁也不吱声，一片沉默。

总经理看看大家，好像明白了什么，便问："年轻人，你多大了？工作几年了？"王霞一一做了回答。

Chapter 3 内在不较劲，外在不抱怨
—— 淡定，一种不纠结的活法

总经理禁不住批评王霞说："在座的有很多年龄比你大，资格比你老，学识比你长，他们对企业的发展看得就没你清楚吗？你所说的就一定正确吗？希望你以后多向老前辈请教，虚心向其他的员工学习。"

但是会开完后，总经理却把王霞请到自己的办公室，亲自关上门，拍拍她的肩膀，说："年轻人，以后公司就靠你了。"王霞一头雾水，刚才你还批评我，怎么现在说这种话？

总经理说："刚才你在会上讲得都很正确，但是你讲得太尖锐、太直接了。而且你讲了以后，其他同事会觉得你比他们高，所以他们就可能对你很不满，他们就会联合起来对付你，这样你就很危险。所以我才要批评你，把你救出来。以后你要记住，高调做事，低调做人。"王霞听了总经理的话醍醐灌顶，感叹这是职场重要的一课，要不然自己是怎么死的都不知道！

高调做事，低调做人，正是我们做人做事的又一条重要原则。做人要低调谦虚，做事要高调有信心，这样才能把事情做好，把关系处好，你的人际关系和事业才能上一个新台阶。这也是总经理教育王霞的良苦用心所在。否则，王霞在公司里如此高调，正如总经理所说，她的处境就危险了。

所谓的低调做人，并不是什么事情都退在后面，自己的利益被别人剥夺强占也不发任何声音，自己的人格被别人侮辱也不反抗，这不是低调，这是懦弱。低调做人，是不要太招摇，不要有点儿小本事就拿出来显摆，不要有事没事就往领导跟前凑，然后摆出一副领导面前红人的模样，什么事情自己心中都要有数，要清楚，自己有本事慢慢拿出来用，在别人最需要的时候拿出来用，乐于帮助别人，为别人服务。

而高调做事，也不是喊着口号扛着红旗让满世界的人都知道你要做什么，而是要对自己所做的事情看得很透彻，把握其根源和关键，在自己有把握的时候以一种很高、很专业的姿态去做，漂亮地做好、做成功。当然，你要是没有把握还是先在家里好好琢磨琢磨，再找人商量商量，请教请教。如

果还是没有完全的把握,那你就尽力去做,出了问题自己尽力去解决。事情是自己做的,但别人都看在眼里,没有哪个领导是瞎子,嘴上不说,心里都明白是怎么回事。别害怕承担责任,出了事情必然有人承担,如果能轮到你承担,说明你已经具备了承担的能力,更不要害怕自己的劳动成果被别人剥夺,因为你做的事情,自然有人看在眼里。

对于聪明的女人来说,高调做事、低调做人的关键,还是要在同事之中保持低调,尽量多地给别人表现的机会。低调是一种品格,一种风度,一种修养,一种胸襟,一种智慧,一种谋略,是做人的最佳姿态。要和同事处好关系,必须能为大家所悦纳、所赞赏、所钦佩,这正是自己能立世的根基。根基既固,才有枝繁叶茂、硕果累累;倘若根基浅薄,便难免枝衰叶弱,不禁风雨。而低调做人、多给别人表现的机会就是在组织中加固立世根基的绝好姿态,不仅可以保护自己、融入人群、与同事和谐相处,也可以让自己积蓄力量、悄然潜行,在不显山不露水中成就事业。

低调做人,多给别人一些表现的机会。聪明的女人只有做到这一点,才能在纷乱复杂的职场中把握自己、完善自身、成就事业。

❋ 收敛你的锋芒，低调做人

中国有一句成语叫作"锋芒毕露"，锋芒本指刀剑的锋利，如今人们将之比作人的聪明才干。古人认为，一个人如果看上去毫无锋芒，则是扶不起的"阿斗"，因此有锋芒是好事，是事业成功的基础。

在适当的场合显露一下自己的"锋芒"也是有必要的，但是要知道，锋芒可以刺伤别人，也会刺伤自己，所以在运用的时候要小心谨慎。物极必反，过分外露自己的聪明才华，会导致自己的失败。尤其是做大事业的人，锋芒毕露，尽展自己的聪明和优秀，非但不利于事业的发展，甚至还会失去自己的身家性命。

在职场中，如果一味地逞强，处处表现、锋芒毕露未必就是好事，若处理不当反而适得其反，使自己陷入拉锯战，工作也会遭遇更大的阻力。因此，有时候低调做人也不失为一种以退为进争取更多优势的方法。

1. 精明少些，关心多些

职业人都很聪明，心中都有自己的一本账，盘算着自身利益的得失。然而如果表现得过于"精明"，事事占得先机，不免会因为得到某些小利益而得罪周围人。若有些人盯着你的"精明"不放，会使你在人际关系上很紧张。

聪明是工作的必要条件，但是精明要适度。适当地吃一点儿亏，让利于同事，会给自己创造一个非常宽松的人际关系环境。但吃亏是要有技巧地把亏吃在明处。聪明可以帮助你认清自己所处的环境，精明则似乎显得你目光

短浅,处处算计。因此,你应该用聪明的头脑多思考长远的利益。

如果周围有些同事与你的关系不是十分融洽,适当地对同事表示出关心则是改善同事关系的妙方。这种关心也要选在同事真的需要别人帮助的时候,如果不分情况地去关心,就会让同事觉得你在讨好她,反而增加她的反感。

2. 承认"无知",虚心向问

许多人在进入新的工作环境之后,往往以学历较高、经验丰富自恃,处处一马当先,急于显示自己的才能,这样锋芒毕露的做法往往会使你陷入被动。首先,你与新环境之间尚处于磨合期,对工作的内容、企业的操作模式,尚未了然于心,急于求成的心态往往会使工作产生较大的失误。其次,由于你急于表现自己,极有可能会忽略同事及上司的意见和感受,从而在别人心中留下目中无人的印象,造成为了工作却还处处不讨好的结果。若情形再这样发展下去,你的人际关系会变得异常脆弱,工作上的配合度也会越来越差。

进入一家新公司之后,一般有三大网络是不能随意碰触的。一是人际关系网络。人际关系不论复杂与否,在公司总是早已存在的。新人介入后,一般都会摸不清状况或者面临要选择加入哪一个小的人际关系网中,这对新人来说是很难抉择的。如果莽撞行事,很可能会得罪其他人,甚至在所有人面前都不讨好,同时还会碰触另两个网络。

另外两大网络就是利益和权力了。这两方面是人际关系的延伸,也是比人际关系更敏感的问题。处理不善会触及其他人的利益,轻则被人贬视,重则连工作也保不住。在进入一家新公司之后,新人不要急于表现自己,不要匆匆加入某一利益团体。表现得淡然一些,既可以留足时间充分观察局势,又可以避免处世不慎可能招来的不满和敌视。

为避免自己的形象被"妖魔化",最好是适当地收敛锋芒,脚踏实地地一步步进行。在你换到一个新的工作环境之后,肯定有一部分事务是全新的,自己以前没有接触或不是十分精通的。怎样才能实现这种角色的转换呢?承认"无知",有不懂的地方多向同事和前辈请教,这样会给同事留下谦虚、好学、尊重他人的好印象。承认"无知"不仅不会给别人留下"蠢笨"的形象，反而能给别人更多的信任感，他们会更乐于接纳你，能与你更好地合作。

3. 难得糊涂，大智若愚

清代画家郑板桥一句"难得糊涂"道出了人生的大哲学、大智慧。职场中，适时装糊涂包含着大智若愚的智慧光芒，可以使你在职场中游刃有余。

对待喜欢在办公室里吹毛求疵、指手画脚的同事，最好的办法就是装糊涂。在他们还没有把话题向你挑明之前，自己假装不知道然后去请教他们，以退为进，相信他们也就说不出个所以然来了。

办公室里的流言蜚语会让人感觉到无尽的压力和疲倦。如果自己先忍不住爆发了，会给好事者制造更多的口实，流言也会越传越盛。此时，不如学习某些人对待绯闻的方式——冷处理，其实也就是一种装糊涂的方式，无论别人怎么说，采用不理睬的方式，相信清者自清。这样好事者投下的石头连一朵水花也激不起来，流言自然就消散了。

4. 甘拜下风，处世低调

有些人喜欢出风头，乐于听到别人称赞他的话。觉得只有这样自己的才能才会被人肯定，心里才会有成就感，所以他们很在意别人对他们的评论，一心只想着怎样去讨好别人，博得别人的赞美。这样做未必能赢得众人的好感，结果可能会适得其反，其锋芒常会刺伤周围的人，让人唯恐避之不及，有时还会成为众矢之的，群起攻之，在竞争里将被首先开除出局。

真正的竞争靠的是实力。不要太在意别人对你一时的评论，成败不是靠一两句话来决定的，过于好强和在意，并为此花费精力很不值得；因此面对一时的荣辱得失不妨作低调的处理，在别人面前"甘拜下风"不失为良策，也会避免卷入那些人际是非里去。把重点放在如何提高自己的实力上，少务虚多务实，只有蕴积实力，你才能在竞争激烈的社会里处于不败之地。

在职场上行走，"硬碰硬"有时取得的效果未必会很好，在适当的时候采用"示弱"的办法，会给你创造一个良好的人际关系环境。需要注意的是，

虽然"示弱"只是职场上的一种生存方式,但也要把握好示弱的分寸,过分示弱可能会落入被人鄙视的情境中。

5. 晋升与加薪是机会还是陷阱的准确评估

晋升与加薪,每个人都心向往之。但是晋升和加薪不一定代表着机会和光环,很有可能是陷阱。很多人被提升到新的职位之后,无法应付这一层次管理工作的要求,使得自己焦头烂额的同时,工作效率与业绩也都无法提升。这就是彼得原理陷阱。彼得原理讲的是,人们总是趋向于把自己引向自己不胜任的位置,从而导致组织效率的下降。

很多人都会遇到彼得原理陷阱这类情况,走入其中的又何止一两人。在公司寻求上升是每个人的梦想,公司也会不遗余力地提拔一些表现突出的员工。然而,这种提拔有可能没有考虑员工的能力能不能达到这个问题。晋升到新的职位,代表着管理的层次和方式都会与以往不同,如果用低一级层次的方式去操作高一层次肯定会造成管理无法进行或效率低下的状况。个人也会处于"高处不胜寒"的境地。这在销售方面体现得尤为突出,业务做得好,业绩突出就会升为营销主管,根本没有考虑一个人的管理和领导能力。

在面对晋升和加薪的问题时,不要盲目乐观。首先要辨认清楚,晋升与加薪是机会还是陷阱,如果是机会自然就要抓住。如果自己现在还无法胜任,不要图一时的荣耀,应该适时示弱,避开它。

❀ 看懂别点破，要给别人留面子

在与人相处时，首先要做到的就是尊重对方，使对方有一种自尊感和自重感，这一点对于我们是否能和别人愉快地、融洽地相处有着至关重要的作用。实际上，别人这种自尊感和自重感就是我们平时所说的"面子"。因此，我们要强调的一点，就是保全别人的面子是很重要的。

可是，不得不遗憾地说，这似乎并没有引起有些女士的注意。有些女士更乐于直接指出别人的错误，采用一种践踏他人情感、刺伤别人自尊的方法来满足自己的虚荣和自尊。有些女士很少考虑别人的面子，她们更喜欢挑剔、摆架子或是在别人面前指责自己的孩子或是雇员，而并不是认真考虑几分钟，说出几句关心他们的话。事实上，如果我们能够设身处地地为别人想想，然后发自内心地对别人表示关心，那么情景就不会那么尴尬了。

几年前，著名的通用电气公司曾经碰到过一个非常棘手的问题，因为他们不知道该如何安置那位脾气古怪、暴躁的计划部主管乔治·施莱姆。通用公司的董事们必须承认，乔治·施莱姆在电气部门称得上是一个超级天才。

对于他来说，没有什么是不可能的。董事们非常后悔，后悔当初把乔治调到计划部来，因为在这里他完全不能胜任自己的工作。虽然有人提出直接告诉乔治这个调换职位的决定，但公司的董事们并不愿意因此而伤害

到他的自尊，因为他毕竟是一个难得的人才，更何况这个天才还是一个自尊心非常强的人。最后，董事们采用了一种很婉转的方法。他们授予乔治一个公司前所未有的新头衔——咨询工程师。实际上，所谓的咨询工程师的工作性质和乔治以前在电气部门的工作性质完全一样。但是，乔治对公司的这一安排表示非常满意，没有向上级部门发一点儿的牢骚。这一点，公司的高层领导非常高兴，因为他们庆幸自己当初选择了保留住乔治面子的做法，否则这位敏感的超级天才准会把公司闹个底朝天。

可见，有些时候批评他人或是惩罚他人并不一定非要直白地进行，我们完全可以委婉地、间接地达到自己的目的。如果能够在保住别人自尊的情况下指出别人的错误，也许他们更能够接受你的意见。

诸如解雇员工这样的事情，其实并不是一件轻松的事情。以苏菲为例，她曾经讲起她的经历：

"会计师这一职业是有季节性的，因为我们的业务就是这样，我不可能在没有业务的情况下雇用那些有能力的会计师们。"苏菲有些无奈地说，"说真的，你知道吗？解雇一个人并不是什么十分有趣的事，事实上我也知道，被别人解雇更是一种没趣的事。但是我没有别的选择，我必须在所得税申报热潮过后，对很多人说抱歉。其实，我们都不愿意面对这样的现实，我们这一行还有一句笑话：没有人愿意抢起斧头。是的，谁也不愿意去解雇任何人。不过，做我们这行的都知道，自己迟早是会面对的，躲是躲不过去的。因此，大家似乎都已经变得没有了感觉，心里只是希望能够早一天赶走这种痛苦。大多数时候，人们都会以这样的方式说话：'你知道，现在旺季已经过去了，所以我们没有再继续雇用你的必要。你放心，当旺季再一次来临时，我们还会继续雇用你，所以你只好暂时失业。'这对于别人来说真是太残忍了，而且往往那些人不会再回来为你工作。因此，我从来不对人这么说。"

Chapter 3 内在不较劲，外在不抱怨
——淡定，一种不纠结的活法

我对苏菲的话非常感兴趣，追问道："那么你是怎么和那些会计师们说的呢？"

苏菲有些得意地说："我从不做这种伤害人自尊的傻事，当我不得不去解雇某些人时，总是委婉地说：'某某先生，您的工作做得非常好，我也非常地满意。我记得有一次您去纽约，那里的工作简直太令人厌烦了，可是您却把它处理得井井有条。我真难想象，您居然一点儿差错都没出。我希望您知道，您是我们公司的骄傲，我们对您的能力没有一丝的怀疑，我希望您能够永远地支持我们，当然我们也会永远地支持您。'"

"然后呢？"我不解地问。

苏菲笑了笑说："然后就给他结了账，让他离开了。事实上，作为一名会计师，每个人都非常清楚，到这个时候自己肯定会面临失业。他们在面对本来就会发生的事情的时候，更希望获得的是一份尊严。我，给了那些会计师们尊严，而他们也非常乐意再一次回到我们这里帮我继续工作。"

保留他人的面子，它往往会使你得到意外的收获，也会让你的人际关系变得融洽、自然、和谐。

❀ 有时吃亏就是占便宜

"吃亏就是占便宜,做人就应该能吃亏,能吃亏自然就少是非。"有很大一部分人,总是因为不肯吃看得见的小亏,反而在以后吃了大亏,正所谓"捡起了芝麻,丢掉了西瓜"。而聪明的女人则懂得吃小亏占大便宜的取舍之道。我们吃点小亏,是为了得到更大的利益和回报。

好多人都以为自己帮助同事干一些力所能及的事,比如擦擦桌子、倒杯水,解决一下工作上的小问题就是"吃亏"了,其实这一点一滴的积累,就能让你成为职场中的"红人"。一个人见人爱的你,在职场行走起来自然也就畅快得多。所以说,"吃亏"是一种长远的投资。俗话说:"人为财死,鸟为食亡。"很多人就是为了自身的利益,不肯吃一点点亏,为了多占便宜,而演出了一幕幕你争我夺的人间闹剧。岂不知"吃亏"与"占便宜"就像"祸"与"福"一样,是相互依存又可以相互转化的。

所以,身在职场中的你,赶快调整一下自己的思路吧!当今职场竞争如此激烈,如果你以为进入某个大公司就可以坐享其成了,等着每个月拿着薪水,悠闲得像在学校里生活一样,从不肯"吃点亏"而去多做一点儿工作,那么你就错了。

多做一些分外的工作,就会多一次学习和锻炼的机会,也会多一种技能,多熟悉一种业务,上司对这种员工一定会青睐有加,只要你经常地去做一些分外之事,就会使你尽快地从人群中脱颖而出。办公室中就需要你去学会"吃亏",懂得"吃亏",要明白吃小亏实际上就是一种投资,是为了长远发展的一种考虑。只有放开度量,从长远的角度思考问题,才能发现拿银子换钻石的妙处所在。

有谁听过贪小便宜的人可以发家致富呢?而且,要想自己的人生和事业有所发展,更不能落下爱贪小便宜的名声,只有以"吃亏时就糊涂一下"的做人原则来为人处世,凡事多谦让别人一些,自己吃点小亏,才能万事大吉。

杨士奇是明朝历任五代的大臣。他为人谦恭礼让,以正理待人,从不存偏见,受到历代君臣的称赞。自明惠帝以后多年,杨士奇曾担任少傅、大学士,他在政治、经济上的待遇都已是很可观了。明仁宗即位之后,让他兼任礼部尚书,不久又兼兵部尚书。面对如此浩荡皇恩,杨士奇心中很是不安。向仁宗皇帝要求辞谢,他说:"我现任少傅、大学士等职务,再任尚书一职,确实有些名不副实,更怕群臣背后指责。"仁宗皇帝劝解说:"黄淮、金幼孜等人都是身兼三职,并未受人指责。别人是不会指责你的,你就不要推辞了!"杨士奇见君命难违,不能再推,就诚心实意地请求辞掉兵部尚书的俸禄。他认为,兵部尚书的职务可以担任,工作也可以做,但丰厚俸禄不能再接受。

仁宗皇帝说:"你在朝廷任职二十余年,我因此特地要奖赏你,才给予你这种经济待遇的,你就不必推辞了。""尚书每日的俸禄可供养60名壮士,我现在获得两份俸禄都已觉得过分了,怎么能再加呢?"杨士奇再三解释说。这时,身旁的另一名大臣顺势插话劝解说:"你应该辞掉大学士那份最低的俸禄嘛。"杨士奇说:"我有心辞掉俸禄,就应该挑最丰厚的来辞,何必图虚名呢?"仁宗皇帝见他态度这样坚决,又确出于真心,终于答应了他的请求。杨士奇能够让出自己的俸禄,是难能可贵的,也正因为他主动让利,才使皇帝觉得他忠诚可靠,一心为国,不谋私利,是靠得住的大臣。这也是他能够在钩心斗角的朝廷之中安然度过五代的根本原因,

哪一个做皇帝的不想用一个可靠的臣子呢?

生活中也是一样,谁不想找几个可靠的人做合作伙伴或是下属呢?"善有善报",不怕吃亏的人一般都平安无事,而且终究不会吃大亏;相反,总爱贪便宜的人最终贪不到真正的便宜,而且还会留下骂名,甚至因贪小便宜而毁掉自己,正所谓"恶有恶报"。要做到不计较吃亏,甚至主动吃亏,就需要忍让,需要装糊涂。既然认识到吃亏是福,就不要斤斤计较,眼里容不得沙子。

1933年,正当经济危机在美国蔓延的时候,哈里逊纺织公司因一场大火化为灰烬,3000名员工悲观地回了家,等待董事长宣布公司破产和员工失业的消息。在漫长而无望的等待中,他们等来了董事会的一封信:"本公司决定继续支付员工一个月的薪水。"

在全美经济一片萧条的当时,能有这样的消息传来,员工们感到欣喜和意外,他们纷纷打电话或写信给董事长亚伦·傅斯表示感谢。

一个月后,正当员工们为下一个月生计发愁时,他们接到了董事会的第二封来信,董事长宣布将再支付所有员工一个月的薪水。3000名员工接到信后不再是意外和惊喜,而是热泪盈眶。在失业席卷全国,人人都为生计发愁之时,能有如此的待遇,谁不会感激万分呢?

第二天,他们纷纷涌到公司,自动自发地清理工厂,擦拭机器,还有些人主动到南方各州去联络被中断的货源。三个月后,哈里逊公司重新运营了。

当时有报纸这样描述这个奇迹:"员工们使出了全身的解数,日夜不懈地卖力工作,恨不得一天工作25个小时,而过去曾劝董事长傅斯领取保险公司赔款一走了之,以及批评他感情用事,缺乏商业精神的人,也都甘愿服输。"

时至今日,哈里逊公司成为美国最大的纺织集团,分公司遍布全球五大洲60多个国家。

由此可见,没有傅斯这种敢于"吃亏"的精神,怎会使他的事业起死回生,而又蒸蒸日上呢?如果你能够心平气和地对待吃亏,表现自己的度量,往往能够获得他人的青睐,获得经商所需要的人脉资源,从而获得商业上的成功。

世界上没有白吃的亏,有付出必然有回报,生活中有太多这种事情,如果斤斤计较,往往得不到他人的支持。只有放开度量,从长远的角度思考问题,就会发现,吃亏实际上就是一种投入,吃亏就是福呀!

❀ 放低自己的姿态，巧妙示弱

曾经有人说过这样一句话，人不应该示强，而应该示弱，这才是最高的做人境界。或许，你可以很强，但是你也要懂得在适当的时候隐藏自己的光芒，向众人"示弱"。因为弱与强，在某种时候，收到的效果截然相反：示弱，让人处于强势的地位；而逞强，则反而处于弱势的地位。

示弱并不代表真正就是"弱"。生活中示弱，可以是个别接触时推心置腹的长谈，幽默的自嘲，也可以是在大庭广众之中有意以己之短，托人之长。如果你碰到的是个有实力的强者，他的实力明显高于你，那么你不必为了面子或意气而与他争强。因为一旦硬碰硬，虽然有可能战胜对方，但毁了自己的可能性更大。因此不妨示弱，以化解对方的戒心。

性烈之马一般生命较短，因为难以驯服，故不免被杀食肉；而那些"示弱"的马，因为较易驯服，往往能够赛场夺冠而被精心饲养，自然得以延命。强者示弱，无论对于自己还是对于弱者，都能有所收获。强者以弱者的姿态行事，人自然会谦虚谨慎，别人也乐意接受。如此，则强者更强；而弱者，则能从中获得慰藉、平衡，从而在心平气和中自觉向强者学习。

一个真正甘心示弱的人，必是一个豁达大度、宽宏大量的人及一个充满人情、充盈智慧的人，并是一个处世浅浅而悟世深深的人。

示弱不是博取怜悯、可怜，如果是可怜宁可不要。示弱是因为人类好强而派生的一种战略武器，真正善用示弱，而且是巧妙地示弱，是聪明女人用

Chapter 3 内在不较劲，外在不抱怨
——淡定，一种不纠结的活法

在与人交往中的处世技巧。

女人示弱并没有什么损失，反而你的示弱会给予男人更多的自信和安全感。女人要学会适时地示弱，才是最聪明的。善于低头的女人是厉害的女人，越是强悍的女人，示弱的威力越大。每个人的天性中有种保护欲，尤其是男人更同情弱者，怜香惜玉。越是事业成功的女人，越要懂得示弱，少一些咄咄逼人，少一些斤斤计较，会让别人更轻松，也更惬意。

元君和倩倩是一个公司的两个白领，虽然两人年龄相当，但是她们在公司的受欢迎程度却是大大不同。平时倩倩非常注重自己的职场形象，在公众场合绝对不哭，即便是工作上受到上司批评，也是一副坚强的姿态，是典型的"战士型"，这样的女人通常是天生的铁娘子。倩倩一直很满意自己能够像男人那样去战斗，上司敬重她，下属害怕她。不过她也常常因为自己不服输的个性，遇到事情不肯向别人低头求助，时常弄得自己身心疲惫。

而元君则不一样，虽然她的能力和倩倩不相上下，但她从不表现出自己很"强"的样子，作什么决定总是和大家一起商量，有时为了鼓励失败的下属，还会将自己以前的失败经历告诉他们，并且让他们不要泄气。元君有困难的时候，会委婉地向对方说，总会有很多人在她身边帮助她。

古语道："天下之至柔，驰骋天下之志坚。"在处世的时候，女人偶尔示弱并不会被对方当成无能的表现，相反，示弱才是最坚强的表现。特别是在你希望得到别人帮助的时候，更应该试着去低头，主动向别人展示自己的弱点，这样才能以此来拉近和大家的距离。但是同样地，要切记不要让人觉得你太强势，难以靠近。很多过来人都说，善于低头的人才是最聪明的人。

无论哪一种形式的示弱，都应做到适度适时。过度示弱，给人的感觉是虚伪或真正的弱小，而真正的弱小是没有价值的。示弱应适时，该示弱的时候就示弱，不该示弱的时候就不能示弱，应讲究原则和把握火候。示弱最

好以强大的实力做后盾,才更显其豁达和从容。而且示弱也要选择恰当的机会,当你自己得意之时适当示弱,可以保护其他人的自尊心;别人失意时示弱,显得"彼此彼此",让人感到"人皆如此,我又何恨",从而得到安慰;别人赢得成功、荣誉,得到物质利益,在表示祝贺的同时,勇于承认这方面实在"自愧不如",可保护别人的好胜心和荣誉感。示弱就是低调的一种方式,但同时又是克敌制胜的法宝,越是强悍的人,示弱的威力就越大。表面能示弱,包含了一个人的人品、道德、心胸和修养。示强或者示弱,其实可以衡量出一个人的文化素质和为人处世的方法,理智还是糊涂,清醒还是自私,以及解决问题的能力大小。同时,示弱是一种智慧的显现,它不是妥协,而是一种理智的忍让。也不是倒下,而是为了更好、更坚定地站立。

示弱有时候也是一种有益的处世之道,当你学会放低位置、降低姿态,让弱者获得充分的人格尊重,那么同样地,别人也会用尊重的目光来看待你。

当女性在碰到一些麻烦时,懂得向别人示弱和善于示弱,就能够更加有效地掌控和运用外部资源,能够更加充分地调动周围人的保护欲望,甘于为你奉献。为人处世要知道适时示弱,才能成为最大的赢家,才能在人生路上一步步通向成功。

Chapter 4

——储蓄人脉，给自己准备机会
——做一个有「心智」的单纯女孩

❀ 精心编织一张捕捉幸福的人脉网

作为社会中的一员,每个人肯定少不了与其他人相互交往。在当今信息发达的时代,更要求每个人都要善于与人沟通交流。特别是对于女人而言,在追求事业成功的同时,务须加强自己交际能力的修炼。

对于二十几岁的女人来说,可能还没有体验到人脉是人生中多么巨大的财富。当一个人解决了一个巨大的困难,或者抓到一次绝好的机会时,总是会提到有"贵人相助"。也是因为这个原因,身边很多这样拥有贵人的女人,人们总是说她人缘好,有福气。

对于每个女人来讲,人脉是一份巨大的财富。在现实生活中如果你能牢牢把握住对你有益的人际关系,你就能够成为他人眼中有福气的那个人。其实有人脉的女人并不是无缘无故地受到那些贵人的喜欢,而是她们身上有一些特殊的个性。她们的共同之处就是珍惜人才,忠于朋友,也不怕结交新朋友。

结识新朋友有时候可以找出杰出的典范,有时候也会找到恶性的反面教材。在无数次新的相识后,大多数的人会随着时间的流逝而被淡忘,但是有少数人会留在身边。能牢牢抓住这些人的女人,就是有福气的女人,也是幸福指数很高的人。因此,人脉,是女人给自己编织的一张幸福的网。

当然,在现实生活中如何进行交往有许多技巧和经验,其实也是有规律可循的,下面就提供一些成功与人交往的技巧,供女性朋友参考。

1. 怀有积极的交际心态

要与关系网络中的每个人保持积极联系，唯一的方式就是创造性地运用自己的日程表。记下那些对自己的关系特别重要的人的日子，比如生日或周年庆祝等。打电话给他们，至少给他们寄张卡片让他们知道你心中还有他们。有的女性朋友，由于羞涩、自卑和矜持等心理原因，尽管也愿与他人保持交往，可是总采取保守被动的态度，不积极、不主动，外表冷若冰霜，这妨碍了与他人的交际。其实，女人应自信热情一点儿，大多数男性是愿意与你交往的，通过交际，你会拥有更多的支持者，如此对你的事业发展也是非常有益的。

2. 组建有力的人际关系核心

选几个自认为能靠得住的人组成良好、稳固、有力的人际关系的核心。首选的人选可以包括自己的朋友、家庭成员和那些在你职业生涯中彼此联系紧密的人。他们构成你的影响力内圈，因为他们能让你发挥所长，而且彼此都希望对方成功。这里不存在钩心斗角的威胁，他们不会在背后说你坏话，并且会从心底为你着想。你与他们的相处会愉快而融洽，同时也能增强你交际能力的自信心。

3. 推销自己

女人除了尽心尽力做好工作，还要学会表现自己，学会在别人面前巧妙地推销自己，学会在适当的时候出足风头。比如在公司的会议上，让上司和其他同事注意到你；在恰当的时机主动摆出你的成绩。初次与人相识时，也是表现自己的绝佳机会，初见面时彼此都还不怎么了解，要在交谈中较为明确详细地介绍一下自己，比如自己正在从事的工作，你的特长，等等。这不仅使你的回答增添了色彩，也为对方提供了几个话题，说不定其中就有对方感兴趣的，你也许会因此而获得意想不到的收获。

4. 遵循交际规则

要记得时刻提醒自己遵守交际规则，不是"别人可以为我做些什么？"而是"我可以为别人做些什么？"在回答别人的问题时，不妨主动再接着问

一句:"我可以为你做些什么?"这样,你会更受欢迎。

5. 寻找机会,常在重要场合露面

寻找机会,参加一些重要的活动,多出席一些重要的场合。因为重要的场合经常会同时会聚了自己的不少老朋友,借助这些机会你可以进一步加深与他们的关系,并彼此留下更深更好的印象。另外,你可能还会结识许多新朋友。因此,对自己关系很重要的活动,不管是升职派对,或是朋友儿女的婚礼,都应尽量亲自到场。

6. 第一时间去祝贺

每逢朋友升迁或有其他喜事要记得赶在第一时间去祝贺。如果你的关系网成员升职或调到新的组织去,你就要在第一时间祝贺他们。同时,也让他们知道你个人的情况。要是确实无法亲自前往祝贺,也一定要通过电话来表达一下自己的友好情谊。事实上,第一时间去祝贺,给人的印象也将是第一的。

7. 乐于帮助他人

如果你的朋友遇到困难时,你应及时伸出援手给予他们心理安慰或提供应有帮助。不论你关系网中谁遇到麻烦时,立即与他通话,并主动提供帮助,这是表现支持的最好方式。

8. 别一味贪图

建立和维护人际关系时,要深知"礼尚往来"的重要性。在交往中不能总做接受者。如果你总是个接受者,那么不管多好的关系,别人都会回避你、疏远你。

❀ 要让成功不跑掉，多个朋友多条路

柏年在美国的律师事务所刚开业时，连一台复印机都买不起。移民潮一浪接一浪涌进美国时，他接了许多移民的案子，常常深更半夜被唤到移民局的拘留所领人，还不时地在黑白两道间周旋。他常开着一辆掉了漆的本田车，在小镇间奔波，兢兢业业地做着职业律师。天长日久，他终于有了些成就。然而，天有不测风云，一念之差，他的资产投资股票几乎亏尽。更不巧的是，岁末年初，移民法又再次修改，移民名额减少，他的事务所顿时门庭冷落，他想不到从辉煌到倒闭几乎是一夜之间发生的事。

就在柏年穷困潦倒的时候，他非常意外地收到一封信，是一家公司总裁写的：愿将公司30%的股权转让给他，并聘他为公司和其他两家分公司的终身法人代表。他看到信的内容之后，难以置信，天上竟会掉下这样的馅饼。总裁是个四十开外的波兰裔中年人。

在那位总裁第一次看到他的时候，第一句话说的就是："还记得我吗？"柏年当时就愣了。那位总裁微微一笑，从硕大的办公桌的抽屉里拿出一张皱巴巴的5美元汇票，上面夹着的名片印有柏年律师事务所的地址、电话。柏年实在想不起会有这一桩事情。

总裁看他也不记得了，便笑着开口了："10年前，在移民局，我在排队办工卡，排到我时，移民局已经快关门了。当时，我不知道工卡的申请费用涨了5美元，移民局不收个人支票，我又没有多余的现金。如果我那天拿

不到工卡，雇主就会另雇他人了。这时，是你从身后递了5美元过来，我要你留下地址，好把钱还给你，你就给了我这张名片。"

柏年在这位总裁的提醒下，渐渐地回忆起来了。

原来这位总裁在这家公司里工作，很快发明了两项专利，也正是柏年给他的这5美元改变了当时他对人生的态度，就这样他们相识了。柏年从来都没有想过竟然在自己贫困的时候还会有人主动来帮助自己，这也正是因为他当时的人际关系所带来的财富。

人际是自己人生中无形的财富，这听起来似乎是有些让人不可置信，但是事实就是如此。

当今的社会是信息社会，如果不与人交流沟通就会使自己越来越封闭。良性的人际关系网，几乎是每个人立足于社会所必需的。即使你有过人的才华，如没有人与你打交道，也不可能被人赏识。所以，我们一定要注意经营自己的人脉。

在我们的生活中，除了接触家庭和单位的人员，还要接触一些其他人。随着关系网的广度、密度与深度的拓展和强化，彼此之间逐渐建立起一种珍贵的、深厚的和亲密的感情，它是我们交往的积极成果。我们一定要用心维护自己的关系网，让它真正成为你的财富。

每一个生活在世间的人，都迫切希望自己在今后的事业上能够有所建树、有所成就，在办事中无往不利。虽然成功的果实是甜美而诱人的，但是收获却不能只靠凭空设想。在生活中，掌握正确的建立人际关系的方法，造就一张良好的关系网，对于办事，甚至是前程都会带来巨大的影响。

扎维科拥有一家非常有名气的房地产公司，他是一个非常成功的生意人。年龄大了后，他想将生意全部交给小儿子打理，自己则想去实现年轻时周游世界的梦。

在临行前的那一段时间里，他简单地给儿子介绍公司的概况以及各个

Chapter 4 储蓄人脉，给自己准备机会
——做一个有"心智"的单纯女孩

环节的配合。随后，他用了大量的时间，安排了大量的聚会，不停地给小儿子介绍自己生意上的朋友、伙伴，有时候，他们甚至一天要参加几次聚会。

几天过后，他的儿子对扎维科说："爸爸，您就要离开公司了，怎么您不抓紧时间把您成功的秘诀传授给我，而让我每天去参加聚会呢？等您走后，很多事情我想问都来不及了。"

扎维科回答说："我的孩子，你还是不懂得做生意的精髓，你完全没有弄懂我的意思，我现在就是在向你传授我的成功秘诀。我敢说我的这些朋友就是我成功的秘诀，他们就是我最宝贵的财富。从年轻时起，我就很注意培养人脉，努力地打造属于我的关系网，因为我相信良好的人际关系和成功是密切相关的。我的朋友里有学者、生意场上的搭档、政治人物、银行家等，甚至还有很多不起眼的小人物，这些年来，他们给了我许多帮助。"扎维科喝了口水，继续说道："当我刚出来创业时，是公司里的一个前辈鼓励我自己开公司；我的朋友借了我一大笔钱；前任林业官给我介绍了第一笔生意；我的公司濒临破产时，是建筑界的朋友挽救了我……总之，如果没有他们就没有今天的我。现在我把他们介绍给你，希望你能够珍视这笔财富。当然，更重要的是，你也要像我一样努力打造一张适合你的关系网，把事业做得更成功。"

事实上，扎维科的成功秘诀也是很多人的成功秘诀，成功者大多是拥有庞大关系网的人。外国成功学有"友谊网"之说。你认识一些人，他们又认识一些人，而他们又认识另外的一些人……这种连锁反应一直扩大到编织成一张助你无往而不利的关系网。

打造一张关系网最大的好处就是，你可以因此拥有许多机遇，它能为你办事时提供更多成功的机会。所以，在现实生活中需要你善于交际，随处都有可能交到对自己有益的人。

有的人可能会觉得自己社交面太窄，认识的人太少，实际上，你的关系网远比你意识到的要广大得多。你实际拥有的网络延伸到了你每天都有联系

的人之外,更多的联系包括你与之共同工作和曾经一同工作过的人们,以前的同学和校友、朋友,你整个大家庭的成员,你遇到过的孩子的父母,你参加研讨会或其他会议时遇到的人,这些人都会是你的网络成员。你的网络成员还包括那些你在网络中认识的人,以及与他们有联系的人。只要你能努力处理好与他们的关系,你的关系网就会越来越大,当然,你办事成功的概率也会越来越高。

❀ 良好的第一印象为你积攒人脉

当你和对方第一次见面时,对方的言谈、举止、容貌、表情、服饰等都会在你的脑海里留下鲜明深刻的印象,他的一个微笑、一个手势都会诱发出你的某种情感体验。那么反过来看,你此时此刻的表现,也将同样影响你们之间的交往。

心理学家认为,第一印象是指最初接触到的信息所形成的印象对我们以后的行为活动和评价的影响。这些内在或外在的条件,说出来似乎是一套一套的,但是在实际的交往过程中,其实只不过是一点一滴地会聚,或许仅仅是一句话、一个表情、一个不经意的小动作,就会将一个人大部分的潜在信息暴露在对方眼中,而这些将决定着对方对你的第一印象将会如何,以及对方是否会继续与你交往、如何与你交往等。

我们经常会听到这样的话:

"我从第一次见到他时,就喜欢上了他!"

"我还记得我们第一次见面时的情形,我永远忘不了他留给我的第一印象。"

"我不喜欢那个人,他留给我的第一印象实在是太糟糕了!"

我们永远无法给别人留下第二次"第一印象"。

……

这些话说明了什么?说明我们大多数人都是以第一印象来判断、评价一

个人的。

对方喜欢你,可能是因为你留给对方的第一印象比较好。对方讨厌你,可能是你留给对方的第一印象不太好。而在我们的一生当中,我们注定会遇到很多重要的第一次,因此也就会有很多重要的第一印象。譬如,求职,第一次去面对面试官;办理业务,第一次登门拜访你的客户;找对象,第一次与对方约会……这些第一次对你而言,无疑都是相当关键的。从小的方面来看,这关系到你的求职是否能够成功,业务能否谈成;从大的方面来看,则会关系到你的事业发展能否如愿,婚姻家庭能否幸福美满。由此可见,在现实生活中,第一次与人见面时务必力争给对方留下美好的第一印象。事实上,绝大多数的人也都知道这一点。因此,我们会在见面之前整理头发、搭配服装,甚至精心化妆,见面之后也会面带微笑、彬彬有礼,以期给对方留下一个良好的第一印象。

从交际心理学角度来讲,初次见面时形成的印象也往往最为深刻,而且对以后的人际交往也会起着指导性作用。

如果你给对方的第一印象是良好的,那就会在人际交往中更好地发挥你的特长与实力,在事业上、生活上可能有一个良好的开端;相反,如果你给人的第一印象不是很好,甚至是糟糕的,那么你的人际关系、你的生活与事业,往往就有可能不那么一帆风顺了。

那么,如果别人已经对你形成了不良的第一印象,你又应当采取何种措施主动克服这种"不公正"呢?

1. 不要让不良的第一印象影响你的自信心和情绪,要用时间和实力证明你自己

小凡长得较矮,但英语水平较高,口译和笔译都达到了相当程度。但每次求职面试时,面试官都因为她1.45米的身高而不愿"接纳"她……但小凡没有因此而气馁,她仍然自信、好强,接连在自己的工作中创造成绩,发表论文和译著,终于如愿以偿地找到了满意的工作。原来对她印象

不佳的人也对她刮目相看了。

可见，当自己感觉别人对自己第一印象不佳时，千万不能让别人的评价来左右自己，因为别人的印象未必就是你真正的形象。

2. 从旁人的评价中调整自己，进行再"塑造"

有这样一个姑娘，别人给她介绍了几位男友，几乎没有一个愿意继续与她交往的。第一个小伙子对她的第一印象是，长相可以，但浓妆艳抹的叫人看了不舒服；另一个小伙子则认为她人倒蛮漂亮的，但说话太庸俗。看来，这位姑娘给人第一印象不佳的根源在于过于追求外在打扮，而疏于本身内在的追求。

当然，别人对你的第一印象是一面"反光镜"，聪明的人会从中吸取对自身有益的建议，重新"塑造"新的自己，这种积极性发挥得越充分，补偿的功能就越大。

3. 用具体、实际的行动去消除别人的片面看法

子羽是孔子的学生，他第一次拜见孔子时，孔子见他其貌不扬，觉得长相这么丑的人会有什么才气呢，所以对他态度很冷淡，不愿尽心教他。子羽感到很失望，但他回家后刻苦自励，终有所成。孔子最后不禁发出"以貌取人，失之子羽"的感慨。

4. 用良好的最后印象挽回不良的第一印象

有时第一印象在我们的不经意中不那么好，为扭转这种局面，可以在与对方道别时尽量挽回。有些人第一印象不错，但忽略了善始善终，反而功亏一篑，也可以说"最后印象和第一印象同样重要"。

可见，当别人对你产生不良的第一印象时，你无法去阻止，但你拥有进

一步表现、施展自己才能的机会。如果你无所作为，那么别人对你的第一印象就容易形成"心理定式"。而你在此时不断用自己的积极行动来向对方"表白"，你就有可能使自己的形象在别人印象中得到"校正"，从而趋于真正的你。

🌸 多储存一些人情

"财富不是朋友,但朋友一定是财富。"人们常说"多个朋友多条路,少个朋友多堵墙"。

身为一个女人,你不可能只凭借自己的力量去闯世界,即使是那些白手起家的有成就的女人,也需要借助众多人的支持才能取得今日的业绩。因此,送给别人一个人情,表现自己的诚意,常常就会收到意想不到的回报。

法国有一本名叫《政治家必备》的书。书中告诉那些想在仕途上有所成就的人,必须搜集一些将来最有可能做总理的人的资料,并把它背得烂熟,然后有规律地按时去向这些人拜访,和他们保持较好的关系。这样,当这些人之中的任何一个当起总理来,自然就不会把你忘记,或许会给你一个很好的职位了。

从表面上看,这种手法不大高明,可是非常合乎现实。曾在一本政治家的回忆录中提到:

一位被委任组阁的人受命伊始,心里很烦恼。因为一个政府的内阁起码有七八名阁员(部长级),怎么去物色这么多的人去适合自己?这确实是件难办的事,因为被选的人除了有适当的才能、经验,最要紧的一点,就是"和自己有些交情"。

与别人有交情才容易得到他人的赏识,否则任你有登天本事,别人也不会知道。有些人能力平庸,然而风云际会,这样也会成为命运通达人物。人

在得意时,把一切都看得很平常、很容易,这是由于自负的原因。假如你与对方的境遇地位相差不多,交往时也无所谓得失。可倘若你的境遇地位不及他人,交往时,反而会有趋炎附势的错觉。即使你极力结纳,多方效劳,在对方眼里也极为平常,彼此感情也不会有所增进。

俗话说得好:"在家靠父母,出外靠朋友。"生活在社会上的每个人,都离不开朋友的帮助。只有你随时保持着乐善好施、成人之美的心思,才能结交到真正的朋友。我们不要小觑对一个失意人说的暖心话,对一个将倒下的人轻轻扶一把,或许你没有什么得失,而对一个需要帮助的人来说,很可能就是动力,就是支持,就是宽慰。人生在世,每个人既需要别人的帮助,又需要帮助别人。你送他人一个人情,他人便欠了你一个人情。他一定要回报的,因为这是人之常情。送人情就仿佛你在银行里存款一样,存得越久、存得越多,利息才会越多。

总的来说,人是有情之灵物,每个人都逃脱不掉一个"情"字。人际交往中,多储蓄一些人情是值得的。说得世俗一些,你现在钓不到大鱼,就应该对身边的小鱼来一个"全面撒网,重点培养",为自己建立一个日后发展的人缘基础。假如你总是抱着"钓到的鱼不用喂食"的平庸态度,很可能落个众叛亲离,不但大鱼钓不到,就连小鱼苗也都会被你饿死。

以下几方面,你在平常生活中就应提醒自己做到。

1. 在别人需要帮助的时候,帮助他们

施恩不图报,不要因为要人感恩才去帮忙。

这个道理,也许再也没有比由詹姆斯·斯图尔德与唐纳·里德主演的经典名片《生活真美妙》中的例子更令人回味了。斯图尔德饰演的角色,因事业失败,想要自杀,因为人死后所获得的保险费还可以解救家人。最后他被过去在镇上他帮过的上百个人挽救了。因为他太太打了一个电话说"乔治需要帮忙",他们就来了,带着小额捐款,群集到他家。

2. 随时表现出你是个大方、积极乐观的人

当你站在紧闭的门前,你或许会发现,在你顺利时遇到的人,可能和失

意时遇到的是同样一批人。那些在你顺利时受你帮助的人,也会在你需要他们的时候挺身而出来帮你。

相反,如果你以消极、使人愤怒的态度拒人于千里之外,你就不能奢望在需要帮助的时候,他们会伸出援手,或为你引荐那些能帮你改善事业状况的人。你的做法和态度,正如你的能力一样,对你的良好表现非常重要。

3. 恩惠不论大小,都要表示感谢

对那些帮助你或试图帮你的人,不仅立即要说谢谢,更要保持联络,让他们知道由于他们的帮助让你获得了进步。知道自己施恩于人是件令人高兴的事——要以满足感来回报那些帮助你的人。

4. 不要以一句坏话或一顿吵闹来结束关系

以尖酸刻薄的话语将关系结束,不仅制造了紧张的气氛,而且于事无补。况且,谁知道以后还会不会再同这个人打交道呢?在商业上尤其如此。炒你鱿鱼的那个人也许是迫不得已,也许出于无奈。如把愤怒发泄在这个人身上,只是增加大家对彼此的憎恶感。运用你的判断,而非任性,决定何时何地该不该发脾气。

5. 平常疏于联系时,不要意外地向别人提出要求

对于平常疏于联系的人,打电话给他们时,要准备邀请他们共进午餐,了解他们的生活近况。在某些特别的事情上面,提供你的援助,以报答他们花费的时间与恩惠。同时也准备一些特别的想法,介绍一些你认识的人或提点建议,以使他们的处境变得更好。试着找找彼此可以互惠的门路,而不是意外地向别人提出要求。

所以说,在与人交往时要多放人情债,多为别人想一想,尽量克服一时的情绪。也许你帮了别人一个很小的忙,你对别人多付出了一些体贴,但是体贴和关怀总是"润物细无声"的,别人因此而记住了你,对你产生好感和感激,在你困难的时候,他们就会以"涌泉相报"。

❀ 结交朋友，患难见真情

　　古时候有句话叫"天时不如地利，地利不如人和"，一个人可以一无所有，但是一定要有良好的人脉关系。人脉是一个人无形的资产，是我们手中握有的最宝贵的财富。特别是女人，你可以没钱，但是一定要有朋友，因为朋友会在你困难之际向你伸出援助之手，在你伤心难过的时候，贴心地听你倾诉，帮你解决问题，直到你能勇敢地走出困境直面人生。

　　有人说患难见真情，确实如此。关键时拉人一把，更能体现出一个人的智慧。古今中外就有好多这样的故事给我们启迪。

　　第一次世界大战结束后，德皇威廉一世可以说是全世界最可怜的人，众叛亲离。无奈之下他只好逃到荷兰去保命，有许多人对他怀恨在心。可在这时，有个小男孩儿写了一封信给他，内容虽然简短，却隐藏不掉真情，小男孩儿表达他对德皇的敬仰。小男孩儿在信中说，无论别人怎么想，他将永远尊敬他为皇帝。德皇深深地为这封信所感动，于是邀请他到皇宫来。这个小男孩儿接受了邀请，由他母亲带着一同前往，最后他的母亲嫁给了德皇威廉一世。

　　后来许多人遗憾地说："我不知道他那时候那么痛苦，即使知道了，我也帮不上忙啊！"

这种人与其说他不知道朋友的痛苦，倒不如说他根本就不想知道别人的痛苦，不想去帮助他人。

通常人们对于自己的苦楚能够敏感地觉察到，而对于别人的痛处却漠不关心。他们不了解别人的需要，更不会花工夫去了解；有的甚至知道了也假装不知，这种人肯定没有体会过切身之苦、切肤之痛。

不要求每个人都能达到"人饥己饥，人溺己溺"的境界，但至少学会随时体察一下别人的需要，时刻关心朋友，帮助他们脱离困境。当朋友遭到挫折而沮丧时，你应该给予鼓励；当朋友愁眉苦脸、郁郁寡欢时，你应该亲切地询问他们；当朋友身患重病时，你应该多去探望，多谈谈朋友关心的、感兴趣的话题。这些适时的安慰会像阳光一样温暖受伤者的心田，给他们带来美好的希望。"患难之交才是真朋友"，人们对这句话可能都不陌生。

晋代有一个人叫荀巨伯，有一次他听说一个朋友病了，于是前去探望。偏偏在这时敌军攻破城池，烧杀掳掠，百姓纷纷带着家眷四散逃难。这位朋友对荀巨伯说："我病得很重，走不动了，活不过几天，你赶快去逃命吧！"

可是荀巨伯却不肯走，他说："你把我当成什么人了！我远道赶来，就是为了来看你。现在敌军进城，你又病着，我怎么可以扔下你不管呢？"说完便去给朋友熬药去了。

他的这位朋友百般苦求，叫他赶快去逃命，荀巨伯却端药倒水安慰说："你就安心养病吧，其他的你不要管，天塌下来我替你顶着！"

这时突然门被踢开了，几个凶神恶煞般的敌军冲进来，冲着他喝道："你是什么人？如此大胆，全城人都跑光了，你为什么还不走？"

荀巨伯指着躺在病床上的朋友说："我的朋友生病了，而且还很严重，我不能丢下他自己去逃命。"而且还正气凛然地说："请你们不要惊吓了我的朋友，有什么事尽管找我。即使要我替朋友去死，我也绝不皱一下眉头！"

敌军听后愣在了那里，听着荀巨伯的慷慨言语，还有他所表现出的无畏态度，很是感动，说："想不到这里的人如此高尚，我们还怎么能侵害他

们呢？走吧！"说完敌军离开了这里。

患难时体现出的正义能够发挥如此巨大的威力，不得不令人为此惊叹。

每个人的人生都不会一帆风顺，其间总会碰到失利受挫或面临困境的情况，这时别人的帮助就好比是雪中送炭一样，它能够使人记忆一生。

有时候不用很费力地帮别人一把，别人也会牢记在心，必将会"投之以桃，报之以李"。聪明的女人，会在困难的时候帮助朋友，建立起良好的人脉关系。

患难之交能够帮你建立良好的人脉关系，但是想要储存朋友这个人脉资源，聪明的女人必须要懂得传达温暖和阳光。如果大多数人与朋友之间的交往都是为了让感情更加亲近融洽的目的，那么就需要我们一点一滴地去积累、去加温。在平时的时候多与朋友联系，在他们健康平安的时候问声好，在他们潦倒困难的时候帮下忙，这种情况下建立起来的人脉关系才能换来好的口碑，在你建立更广泛的人脉网时也会用得上。只有把这些技巧熟练地掌握了，才能使你在人际交往中应付自如，人脉才能更丰富。

我们要学会对每一个人都热情相待，学会把每一件事都做到完善，学会对每一个机会都充满感激，你要相信从你身边擦肩而过的人说不定就是帮助自己的人。请千万记住，今天结下的小善缘，将会是明日的救命稻草。

❀ 别忽略那些落魄的人

　　积累人脉就要把眼光放长远，红顶商人胡雪岩，其高超的交际手腕和过人之处便是"对事情看得透，眼光够远，从不会轻忽小人物"。浙江巡抚王有龄对胡雪岩的发迹有着绝对影响，胡雪岩结识王有龄的时候，他贫穷落魄，虽然很有才华，很有雄心壮志，却连北上求官的路费也凑不出来。

　　胡雪岩"慧眼识英雄"，认定他日后必然会出人头地成大器，定会在官场上青云得志的。于是，胡雪岩以"四海之内皆兄弟"的江湖义气为借口，毅然冒着被老板解雇的风险，挪用钱庄公款500两银子，资助素昧平生、贫穷失意的王有龄北上求官！为此，胡雪岩被老板辞退了，丢了饭碗。

　　许多人都骂胡雪岩是犯傻，但胡雪岩却相信自己的政治眼光绝对没错，而且他深信，只要王有龄一得志，绝对少不了自己的好处。

　　后来，王有龄果然出任官职，做了杭州的巡抚。王有龄是一介文人，不懂经商之道，要搞好杭州的经济，就要求助他人。胡雪岩又是他的大恩人，当然要知恩图报，胡雪岩便顺理成章地进入杭州府，成了王有龄的幕僚。自从走上仕途之后，胡雪岩有了王有龄的庇护，在商场上如鱼得水，游刃有余。如果胡雪岩不是提前介入这种关系，而是当王有龄已经成为浙江巡抚后再去交往，胡雪岩能与他成为莫逆之交吗？

现实生活中也有这样的例子。

某工厂女职员小刘，是个聪明而厚道的青年。她在厂里工作几年了，和领导、同事相处都很好。厂里有位副厂长，业务能力很强，是个年轻有为的人。但是就是这样一位副厂长，却因受新来的厂长的排挤而调走了，小刘很替他感到不平。

春节到了，小刘买了些礼物，来到了副厂长家。副厂长感到既意外，又欣喜，忙把她让到屋里。她替他打抱不平，并且安慰他，说自己相信他比别人有出息，甚至比新任厂长前途还要远大。听到这些话，副厂长口中不断地嘘唏慨叹。他说："我在厂里得势的时候，好多人围着我转，总表示和我的关系有多铁。可是一看新厂长排挤我，他们马上就扔下我，去围着新厂长转了，至今也没谁来看过我。只有你，平时并没表示多么热络，可是只有你看我了。真是烈火见真金啊！"

几年以后，这位副厂长当上了工业局的局长，原来所在的工厂也归他管了。局长对小刘一直像老朋友一样，工作上也对她十分关照，还亲自提议让她担任了副厂长。

人的一生不可能一帆风顺，挫折、背运是难免的。人们落难正是对周围的人，特别是对朋友的考验。远离而去的人可能从此成为路人，同情、帮助过他渡过难关的人，他可能铭记一辈子。所谓莫逆之交、患难朋友，往往就是在困难时期产生的，这时形成的友谊是最有价值、最令人珍视的。

有些人平时待人不冷不热，有事了才想起去求别人，又是送礼、又是送钱，显得分外热情，但这种"平时不烧香，临时抱佛脚"的效果常常并不理想。

❀ 用心结纳社会精英

在现代社会，"借力"这种方法技巧已在很多领域被广泛地应用，而且日趋扩大。对于人际交往，也不失为一种提高自身形象、扩大自身影响力的一种战略技巧。找伯乐有一个重要的原则："宁撞金钟一下，不敲破鼓三千。"就是说找到了伯乐，就找到了走向成功的最快捷通道。我们在现实生活中看到，同样家庭出身，同样在一个学校学习，甚至性格也相似的两个女人，由于结交的朋友在社会地位、品德修养等方面的不同，结果也会变成完全不同的两种人。

邓明是一所名校的高才生，今年刚刚毕业，当他的同学为工作、为前途忙得焦头烂额的时候，他却非常冷静，因为他清晰地知道自己要干什么。于是，他给一所大型企业的老总写了几封自荐信，并且剖析了该企业将要进军国外市场的发展利弊，明确自己的能力与坚定的信心。结果老总看到后，非常满意地说了一句话："这个人我要了！"于是便把邓明收归到旗下。聪明的邓明成功地利用了自荐的方式找到了赏识自己的伯乐。

聪明的年轻人一定要常去结交那些极具影响力的人物。当你将他变成了自己圈子里的人后，在他的影响和帮助下，你自己本身也会自发产生一种向上的动力。

格蕾丝·凯丽1929年11月12日出生于美国费城一个富有的家庭。格蕾丝的童年在富足和平静中度过。在这个器重子女成长的家庭中，母亲非常疼爱这个体质娇弱的女儿。当高中毕业的女儿表示要从事演出事业的时候，母亲给了她支持，觉得这有利于安抚她那多愁善感的性格。格蕾丝第一次在电视上拍了一个香烟的广告。做模特、在纽约的百老汇登台演出和在电视上作节目已经不能知足的格蕾丝，她离开了南加利福尼亚，这里有她童年的梦想——电影。

1951年，在一部名为《14个小时》中她取得了第一个银幕角色，一个微不足道的小角色。不过这并不重要，因为一切已经开始了。第二年，她取得一个与大明星贾利·古柏合作的机会，他们主演的影片是这一年最轰动的电影《正午》。作为新人，格蕾丝的表现令人瞩目，而新人在拍片所受的种种限制，却令格蕾丝对此片有着不愉快的经历。

但这时她认识了一流导演希区柯克，并得到了他的青睐，在《后窗》中扮演令詹姆斯·史都华心仪的女郎。同年，与希区柯克导演进行了第二次合作，拍摄了《电话谋杀案》，这一年格蕾丝迅速拍了数部经典的电影，其他的是《绿焰》《乡村姑娘》《白鸟》。在《乡村姑娘》中，格蕾丝的演出令人叹服，她扮演的是一个酒鬼的妻子，在片中她牺牲了美貌，却获得了这一年的奥斯卡金像奖。她迅速成为最卖座儿的明星，次年与加利·格兰特合演了《抓贼记》、与弗兰克·辛纳特纳主演了《崇高高贵社会》。

年轻美貌的格蕾丝博得了许多人可望而不可即的成功，她高雅迷人、富有才华、令人倾倒，她的个人修养和魅力也随着与名流的交往和事业的成功而不断提高。与她合作的那些大明星无不为她着迷。她的生活圈子也达到了最高的级别，并成了其中的"皇后"。

由于社交圈子的扩大和提升，她遇到了摩纳哥王子雷尼尔三世。拥有财富与尊贵的地位无疑是格蕾丝最好的归宿，当格蕾丝在摩纳哥视察时，这位风度翩翩的王子是她王宫的向导，很快他们结婚了，格蕾丝成为了摩纳哥王后。

事实证明，女人必须懂得结纳精英人物的重要性，那无疑让自己的事业如虎添翼。因此，如果你要想干成大事，首先就要想办法接近有关的社会精英，与他们交往，建立起相互信赖的良好关系，并且不断向他们学习，最后赶上他们甚至超过他们。当然，与极具影响力的社会精英相交，可能你遭遇的是冷眼冷语冷面孔，其实这可以说在情理之中。作为一个"小人物"，你当然要做好这种思想准备，正因为精英人物不易结交，所以一旦结交到一个颇具影响力的大人物，那将是你一生之福。

但是，现在好多女人却并不知道如何让这些精英人物喜欢自己。所谓："知己知彼，百战不殆。"那么我们如何才能成功做到呢？

首先，掌握关系是关键。地位显赫的人物不是神，他们有各种社会关系，有各种各样的业务，也有各种各样的喜好、性格特征。聪明人会多关注现代媒体，以此来关注一些地位显赫人物的情况。

其次，你也可以从他的亲属、他的朋友、他的子女等，从那方面认识了解他，抑或者从兴趣爱好上了解他。他喜欢什么运动、什么物品，是什么性格的人，他喜欢或经常参加什么聚会，他休闲、娱乐的方式有哪些，常到什么地方去，等等。

❀ 小女子成大事的福星——贵人

一位名人曾说过:"良好的品德是成大事的根基,而成大事的机遇是靠遇到贵人。"而且俗话说:"七分努力,三分机遇"。我们一直相信"爱拼才会赢",但实际生活中往往有些人即使拼了也不见得赢,其中关键的一点就在于缺少贵人相助。在攀向事业高峰的过程中,贵人相助往往是不可缺少的一环。有了贵人,不仅能替你加分,还能为你的成功加速。

在中国的传统文化中,天时人和的内涵就是"贵人相助"。而且在如今这个经济发展迅速的社会里,如果单打独斗,很难做出一番大的事业。毕竟那些看似灿烂无比的辉煌,真要攀越起来实则十分辛苦。但是有贵人相助,成功就会变得简单得多。倘若你能够把握住身边的贵人,那么你就能先掌握他人没有的资讯和机会。因为关键时刻贵人能向你提供平常朋友所不能向你提供的资讯和机会,这样才能够一步为先,处处为赢。所以,找到自己的贵人,并博得他们的信任和赏识,是成功的重要步骤。"贵人"可能是指某位居高位的人,也可能是指令你心仪急欲模仿的对象,无论在经验、专长、知识、技能等方面都比你略胜一筹。因此,他们也许是师傅,也许是教练,或者是引荐人。出门遇"贵人",就可吉星高照,前途一帆风顺,甚至将来会飞黄腾达。

周佳颖出身寒微,16岁就辍学自谋生路。但她有很强的进取心,小小

Chapter 4 储蓄人脉，给自己准备机会
——做一个有"心智"的单纯女孩

年纪就立志要创办一家服装公司，而且不露声色地执行着自己心中的计划。18岁那年，周佳颖进入一家外贸服装公司做业务员。这是一家著名的时装公司，周佳颖在这里学到了很多东西，为开拓自己的事业做好了准备。

不久，周佳颖就同一个朋友合伙，开办起一家小型服装公司。在她的悉心经营下，这家小公司的生意可以说是相当不错。但是，周佳颖又不满足了。她认为，老是做与别人一样的衣服是没有出路的，她想只有设计出别人没有的新产品，才能在服装业中出人头地，这就需要找一个优秀的设计师做自己的合伙人。

然而，这样的设计师到哪儿去找呢？一天，她外出办事，发现一位少妇身上的蓝色时装十分新颖别致，竟不知不觉地紧跟在她后面。少妇以为她是心怀不轨的小偷，周佳颖连忙解释，少妇转怒为笑，并告诉周佳颖这套衣服是她丈夫卢振远设计的。他精于设计，而且还在三家服装公司干过。最近刚刚离开一家公司，原因是他提出了一个很好的设计方案，而不懂设计的店主不仅不予嘉许，反而蛮不讲理地把他训了一顿。

然而，当周佳颖登门拜访时，卢振远却闭门不见，这令周佳颖十分难堪。但周佳颖知道，一般有才华的人难免会意气用事，只有用诚心才能感化他。所以她并不气馁，接二连三地走访，五次三番地要求接见。她这种求贤若渴的态度，终于使卢振远为之动容，接受了周佳颖的聘请。

卢振远果然身手不凡，不仅设计出很多颇受欢迎的款式，而且是第一个采用人造丝来做衣料的人，由于造价低，而且抢先别人一步，尽占风光。周佳颖服装公司的业务蒸蒸日上，在不到10年的时间里，就成为服装行业中的"一枝独秀"。

周佳颖正是认识到卢振远将成为自己事业上的贵人，所以她不失时机地抓住了改变她命运的人，使之成为自己的合伙人，让自己事业的路途一马平川。

其实，每个人的能力往往都局限于某一个或者是某几个有限的领域里。

这种局限能够在一定程度上突破，但是不可能彻底突破。即使一个人再有能力，也不可能做好所有的事情，所以借助别人的能力是必要的。尤其是现在这个社会分工越来越细密而工作却越来越复杂的社会，利用别人的能力，是一种可行的工作方式。所以，成功人士通常都会利用别人的能力、用别人的优势来为自己铺就走向成功的捷径。

俗话说："人往高处走，水往低处流。"每个人都想有所成就，但如今这个社会并不如我们想象的那么简单。就像有些年轻人，为什么他们能够像冲天的火箭一样冲出平凡的人群，而为数众多的人却只能陷在个人的小圈子里自哀自叹，难以突破呢？其实问题很简单，关键就在于两个字——"贵人"。

《红楼梦》中的薛宝钗有一句词："好风凭借力，送我上青云。"如果可能，为什么不求助于贵人？为什么不试试坐上春风的感觉？

Chapter 5

做人不生气,做事不受气
—— 从零开始学自我保护术

❀ 小心天上的馅饼，会砸坏你的头

俗话说："一分耕耘，一分收获。"只有当你付出了同样多的东西，你才可能收获同样多。可是很多时候，有些人偏偏喜欢投机取巧，以为自己可以不用付出任何劳动，就能等到天上掉的馅饼。

年轻人要明白，世上任何给予都不是白给的，本来就没有免费的午餐，即便有，到口的也未必都是肥肉。

天上不会掉馅饼，这是一句对心存幻想、贪小便宜者的忠告。自古以来，人们也明白天上是不会掉馅饼的，然而当"馅饼"真的就掉在你面前的时候，不少的人还是落入这美丽的陷阱。为什么呢？有人说是因为骗子过于可恨、过于狡猾。不错，骗子固然可恨，但他们骗人的伎俩却不见得有多么高明，只要稍加分析就能发现漏洞。大多数骗子都不过是利用了人们贪图小利和期望不劳而获的渴望，当面对巨大诱惑时，人们难免会对这些诱惑心存幻想，总是期望奇迹会发生在自己身上。于是，就抱着试试的态度走进了别人精心布置的圈套，生活中也就在不断地上演着那么多上当受骗的故事。

一个老太太收到了一封信，信里有一张奖券，这个老太太就把奖券刮开，一看中了一等奖：500万元。下面有兑奖电话，老太太心想打个电话又没什么损失，于是照上面的电话打了过去。一个女的接的电话，听说老太太中了奖，她比老太太还高兴。叫老太太出个税，也就是500万元的2%，老太太想比起这500万元来，这10万块不算什么，于是到银行把这个税打到了指定的账户上。接着，那个大公司又打电话要老太太捐点钱给希望小学，一会儿又说他们搞错了，是500万美元，要老太太补交个税……最后，老太太那"500万美元"没拿到手，反而给那个公司打了68万元人民币去。在68万元交了后，老太太仍没拿到那所谓的500万美元，老太太醒悟了，报了案。公安机关接到报案后立即着手调查，结果在把这些骗子抓获归案。在破案的过程中，公安人员发现受骗的人还真不少，范围也很广，全国范围内都有。

其实此类骗局已经不知发生多少次了，但还是有人上当受骗。如果我们不贪小便宜，那骗子的骗术再高明，我们都不会上当的。天上掉馅饼，不是圈套就是陷阱！即使掉了，也会砸坏你的头！

单纯的人在社会上行走，如何认识陷阱、避免踏入陷阱是不可以不知道的。如果你光明正大、脚踏实地，不痴心妄想，便可避免踏入陷阱。当然，要识别、看破陷阱相当不容易，否则陷阱也就称不上陷阱了。陷阱都经过设计、伪装，真真假假，虚虚实实，就像猎人的陷阱，上面都要覆盖上树枝草叶，让路过的动物看不出来。

要识别陷阱不容易，但要了解陷阱的本质却不难。陷阱形形色色，无法予以归类，但制造陷阱却只有一个最高明的原则，那就是利用人性的弱点。

在日常活动中，我们常遇到这样一种情况：有人巧施手段，让你见到有诱惑力的实物或信息，使你对他所言信以为真，或者暂时让你得到一点儿实惠，吊高胃口，觉得后面有大利可图，而亦步亦趋地走入他的圈套。

孟晓琳平常是一个没事就爱逛街的人。星期天她没事便又拉老公逛商场，在某商场，她看中一双品牌鞋，原价三百多，笑盈盈的服务员对她说："现在搞活动，打折之后240元，还送100元购物券。"她盘算了一下，觉得划得来，便叫服务员开票，拿发票换了100块购物券后，发现上面写着

使用期限到6月30日,眼看着还有几天就要过期了,但是拿着100块的购物券又不知买什么好。

最后,把商场逛了个遍后,她发现一件男式羊毛衫不错,老公试了一下,很合身。打折之后560元,还可以兑换200元购物券,就这样,孟晓琳把那100块购物券用掉了,但手上又多了200购物券。为花掉这即将到期的200元购物券,孟晓琳又犯了难,事后她算了一笔账,原本只要花200多块,结果在购物券的连环效应下,花了1000多元……

这个故事其实就发生在我们周围。在现实生活中,有很多商场借着消费者想吃白食的心理,大肆给自己的商品宣传打折。各类报刊的边缝或者角落里经常有类似简单的广告,而且总是承诺你能从中获取多么大的利益,使得那些发财心切的人上当受骗。

这个社会上,处处都有陷阱,一不小心就会掉进去,而且我们难免会遭遇到各种各样的貌似"馅饼"的陷阱。所以如果你想要防止上当受骗,就不要轻信天上掉的馅饼恰好落在了自己头上。遇到"好事"或者"好人",千万要当心,要经得起诱惑,一定要保持清醒的头脑,问问自己:为什么我可以得到?我有那么幸运吗?我得到后要付出什么代价?有得必有失,不要贪便宜,或许失去的会比得到的更多。聪明的女人要记住,天上不会无端掉下馅饼的,当心有诈,因为天下根本就没有白吃的午餐。

Chapter 5 做人不生气,做事不受气
——从零开始学自我保护术

❀ 防备卸磨杀驴之举

中国民间有句成语,叫"卸磨杀驴",意义和过河拆桥差不多。生活中往往见到一些人,刚开始对别人热情洋溢,利用完别人后,立马就显出阴险之态,把别人不当回事。有求之时,热脸相迎;用完之后,冷眼相看。所以聪明的女人一定要懂得"慧眼识人",对任何人都不可以掉以轻心,为人处世低调,可以使我们的安全系数更高。所谓物极必反,在某些时候,锋芒也是双刃剑。

俗话说:"虎心隔毛翼,人心隔肚皮。"在人生的竞技场上,一定要有保护自己、积蓄力量的人生韬略,遇到了这种事,一定要懂得"藏拙"。

隆科多是满洲镶黄旗人,自康熙五十年以来,担任步军统领长达十余年之久。当时步军统领权力极大,全面负责北京内外城治安、民政、刑罚等事务。他在康熙帝去世之际,由于拥立雍正即帝位立有大功,因此获得了雍正帝对他的赏识。康熙帝去世第二天,即被委以总理事务大臣的重任。

这时候的隆科多的确是位极人臣、恩荣过望了,而雍正帝为了自己的目的,此时对隆科多极尽夸奖之能事,甚至达到了令人肉麻的程度。在雍正改元伊始,雍正帝在给川陕总督年羹尧的朱批中说:"舅舅隆科多此人,朕与尔先前不但不深知他,真正大错了。此人真圣祖皇考忠臣,朕之功

臣，国家良臣，真正当代第一超群拔类之稀有大臣也。"

但是佟家当时以两代皇亲，多人身居军政要职，势力太过强大，而享有"佟半朝"之称。因此，当雍正帝真正即位后，便暗自部署一步步解除其步军统领，慢慢开始把军权收归于之手，为了避免隆科多对皇权构成威胁，借由其他罪名铲除了隆科多。

小人的阴险就在于利用了我们的善良和同情心。为了达到他不可告人的目的，他们会把过错和责任揽到自己身上，给他们的下一步行动赢得主动权，而你会因为善良和同情心被他们迷惑，进而被他们算计。

很多人做领导时间久了，觉得自己在一个部门里面有崇高的威望，有至高无上的地位，有绝对的权威，在这个部门里只有我说了算，没有我就没有这个部门，于是权力欲便开始膨胀，认为这一亩三分地都是我的，只有我讲话算数，其他谁都没有用，总经理来了也不行，也得听我的，他没有我懂。如果你这样想这样做的话，那就只能让上级领导对你不满了。隆科多就是这样，在雍正没有上位之前被重用。但是等他上位之后，就会觉得你手中的权力过大，威胁到了他，而且也没有什么利用价值了，所以要铲除掉你。

很多时候，我们都可能会遇到此类情况。比如在工作中，有些人因为能力强被老板拿来处理一些公司特别重要的任务，可是任务一旦完成，老板看到危机已过，便不再对你抱有任何热情，弃之一旁，因为目的明显已经达到。其实，面对这样的老板，你可以大方地"隐退"，毕竟在这样一个工作环境里，你没有任何工作积极性。

这种"卸磨杀驴"的现象其实在生活中是一种常态，有些人为了争夺自己的利益而计谋百出。为了自己的私利，他们对你委曲求全，利用完后，你就成了再无利用价值的拦路石，于是他们便大刀阔斧地把你遗弃。其实，很多时候，我们应该懂得隐藏自己的锋芒，得人赏识的确是件不错的事情，可是如若真的被人利用，你也应该懂得如何回避这些人，懂得适时而退。

女人如果在生活和职场中遇到这种卸磨杀驴的人，一定要离他们远一点儿,最好不要与他们打交道。如果真的摆脱不了,就记住四个字:不疏不离。既不远离他,也不疏远他。这样不痛不痒,不轻不重,他也不会再来招惹你。

❀ 不要随便对别人吐露心声

你今天说你对公司的待遇或工作环境不满意,想过一段时间换一个新的环境,也许明天你在什么都不知道的状态下,就发现解雇书放在你的办公桌上了。这不是开玩笑,工作中如果不小心,真的会发生这种事。

与同事在一起时间久了,难免会谈论一些话题,这话题的范围可能会比较广泛,会涉及彼此的家庭、生活、情感,当然,最有可能涉及的是各自对工作、公司、同事甚至是老板的看法。你在与同事交谈的时候,一定要注意谈话的内容,涉及关乎你工作利益的问题时,最好不要轻易地告诉同事你真实的想法。因为把真实的想法和盘托出,很容易就会让你跌入陷阱。在公司中与平级的同事竞争最大,所以,在与他们交流的时候,最好只限于交谈的程度,不要随便地和他们交心,如果一定要交心,你要保持高度的警觉。

一家图书公司新招聘了两名销售经理,刘大姐和丽丽。由于两人是同时进公司的,所以她们相处得很好,经常在一块儿逛街聊天什么的,有时,还会带着家人到对方的家中做客。刘大姐的年纪比丽丽大些,但是丽丽比刘大姐有学识、有经验。因此,刘大姐觉得自己处处不如丽丽,生怕公司会把她辞退。丽丽也有自己的难处,她的家庭条件不太好,上下一家老小都是她在养活。为这事,丽丽经常向刘大姐倾诉,时间长了,两个人到了无话不谈的程度。

Chapter 5 做人不生气，做事不受气
——从零开始学自我保护术

因为发生了经济危机，公司决定给中层经理减薪，还准备在中层采取裁员的制度。她们知道这个消息以后，就在私底下讨论起来。丽丽说："哎！怎么会给我们减薪呢，要减也是减员工的呀。我还有一家老小要养活呢！你说，别的公司也是这样吗？都有要跳槽的念头了。"刘大姐只是附和着说："是啊，是啊，这点不好。"几天后，公司果真决定裁员，名单上赫然显示着丽丽的名字，她伤心地离开了公司。几年后，丽丽碰到了那个公司的同事，同事告诉她，就是她和刘大姐说的那番话害了她，那时候人人都在自保，她正好让刘大姐抓到了把柄。

丽丽犯的错误是不是给你上了一课？当你敞开心扉和同事交流的时候，难免会说出工作中的一些不顺心，这些不顺心往往就是对公司、同事的一些负面看法。每一个人都有自私的一面，当你的不顺心可以成为他前进的垫脚石时，他就会牺牲你，保全自己的利益。因此，不要轻易把心掏给别人看，尤其是与你有竞争关系的同事。与其在事后发现自己被人利用，还不如早点儿告诫自己，理性机智地和同事交流。

但是，并不是说在同事与你交流的时候，你就避而不答，而是要你选择性地去和他交流，不要轻易地和他们交心谈话。在谈论与工作无关的事情的时候，你多说一点儿交心的话无所谓，因为这一般不会影响到你的工作，还会增加你们之间的友谊。但是，谈论工作上的事情，你要知道自己该说什么，不该说什么，哪些事情是可以让他知道的，哪些是不能让他知道的。假如你让他知道了你和上司有私交或者你是靠老板的背景进公司的，他会怎样看你呢？他不会羡慕你，只会因此看低你的能力。

在与同事的交流中，你还要具有敏锐的洞察力，要懂得察言观色，分析一下同事问你问题是单纯地问问而已，还是另有目的。如果是另有目的，你就要把握自己的说话方式和内容了，不能自己想的是什么就告诉他什么。交流的内容，不要过多地涉及其他同事或上司的是是非非。在工作中，由于很多的原因，你不可能对所有的同事都满意，认为老板的每一个决策都是对

的，而这种是是非非是最关乎你利益的，把握不好这个问题的处理，最有可能让同事在与你的竞争中抓住你的小辫子。无论你的能力有多强，只要老板知道了你的真实想法，就会把你定位在"人品有问题"上，这时候你的能力在老板眼中就变得不重要了。

总体上来说，你和同事交心是一把双刃剑，在你掌握好了方法的时候，它就会成为你和同事和睦相处的重要因素，会让你多了一位好朋友与你一起分担生活和工作中的困惑，使工作更加顺心。若你掌握不好交心的方法，把与自己切身利益相关的、与公司利益相悖的想法说给同事听的时候，你很可能就会因为这次交心的谈话毁掉自己的前程。

所以，聪明的女人一定要谨记：不要随便对同事吐露自己的心声，尤其是关于公司工作方面的，和他们交谈时一定要小心！

❈ 防人之术是你必备的本领

现代社会激烈的竞争会带来各种冲突和麻烦,在你看不见的背后,很多人的行为让人莫名其妙,其心眼极小,为一点儿小利益或者一点儿小事都会不惜一切干出损人利己的事来。他(她)们低劣的品质和伪装的本能,决定了他(她)就连报复别人都不可能光明正大。因此,作为职业女性,要想在职场生存,防人之术是你必须学会的本领,即使你不屑于与小人为伍,以下这些小人你也不得不防,以减少不必要的麻烦。如何巧妙地化险为夷,职业女性不可不关注。

1. 八卦小人

八卦小人就是指那些谣言的制造者及传播者。他(她)们往往不顾事情的真相,只会捕风捉影,别人的一点点小事只要经过他(她)们的传播,马上就会变得满城风雨。他(她)们最擅长的就是把没有影儿的事情说得绘声绘色,如同亲见一般。比如,有个女同事升职,他(她)们就会立刻编造出升职者获得提升是因为巴结上司、靠裙带关系等谣言,甚至会一脸神秘地告诉别人她跟她的男上司有染。这种人唯恐天下不乱,经常兴风作浪,用谣言在公司散布一颗颗地雷,影响周边的人。职场中的这种小人,是忌交的重点对象。

2. 不负责任的人

这种人没有责任观念和意识,他(她)们最会做的事就是偷懒,往往该

做的事拖到最后都没做。一旦出现了问题上级责罚，他（她）们的第一个反应便是把责任推卸给别人，他（她）们最常说的话就是"这不是我的错！"他（她）们不但喜欢否认自己的过错，还会经常责骂其他人，然后找借口来掩饰自己。

3. 双面小人

这种人通常在你前面讲一套，在后面跟别人又说一套。他（她）们就如两头蛇一样，这种人不要和他（她）关系太近，不要被他（她）的表面现象所迷惑。不论他（她）在你面前说得有多么动听，你也难保他（她）不会一转脸就在别人面前出卖你，议论你的是非。他（她）们还喜欢跟你套近乎，在你面前以一脸受委屈的样子，来博得你的同情，听取你对别人的看法，之后就四处宣扬说这些话是你讲的。如果单纯这样倒还好受，但他（她）们有时甚至把他人不同意的看法也栽在你头上，令人哭笑不得。我们很难知道这种小人心里到底在琢磨什么，因此还是离他（她）们远一些的好。

4. 爱贪小便宜的人

这种人目光短浅，往往只顾眼前利益。这种人在社会中、在职场上最为常见。爱贪小便宜的人不但自己没什么发展前途，更严重的是他（她）们会因为贪小便宜而出卖团队或一起工作的伙伴，因一己之私而影响大局。这种小人可能有一些小聪明，他（她）们懂得利用你对他（她）的信任为自己谋私利，因此你需要有一双慧眼才能准确地看穿这种人。

在知道了职场中的这些"小人"的表现之后，现在我们就可以制定相应的对策和方法予以应对了。

1. 适当地予以警示

小人往往是最讨厌的，他（她）总是不停地在你的周围撒下矛盾的种子，或向领导，或向同事散布你的谣言。在办公室中应对小人既要考虑到以后还要继续相处，不能太过分，又要达到警示的效果。在实施这种策略时，首先要分析办公室中的人际关系，防止受到暗算，虽然同事偏向于你，但真正关键时出手的并不多。其次要注意时间和地点以及影响范围，使用这种方法最好不要影响工作，影响工作后肯定有领导出面，无论怎样都不是什么好事。在迫不得已的情况下的反抗，应该向领导解释情况，由领导进行调解，避免小人背后告状，怪罪到自己的头上。

2. 该断交时要断交

从办事手段和为人处世来讲，小人所走的路子更偏向于狡猾、奸诈、欺瞒、恐吓等。他（她）们会想方设法地达到自己的目的，无论这种方法是否得人心。有些小人，为了满足自己的私欲，又要保护自己，只好嫁祸于人。对于这样的人，容忍只会给自己造成更大的伤害。抓住把柄，迎头一击，采用强硬的立场，就会促使小人退缩。一旦发现这一手失灵，要马上采取行动，不要给他（她）回击的机会，及时向有关人员或明或暗地透露情况，使他（她）难以立足。对待小人同事，不能一味地退缩，不要因为一时的交情而不忍心当即翻脸，特别是你的把柄被人攥在手中的时候，有时会不得不就范。此时，要考虑清楚，当断则断。古人云，当断不断，反受其乱。一旦认识到同事是个小人，就要及时采取行动。对于那些善于纠缠的小人，特别是利用你的某些弱点或者过失要挟你的小人，不要顾忌眼前的小利。如果不断绝的话，或许大利也保不住了。决断时可以直接表明自己的立场，"不想再交往下去了"。也可以冷淡处理，采用冷漠置之的方法，不理不睬，使其无趣而去。在决断时不要讲什么理由，以免让小人抓住把柄，质问于你，反而不好交代，最终又拖拖拉拉，欲理还乱。

3. 不妨以硬碰硬

在同事之中，有一小部分人，与你有利益冲突，喜欢揭别人的短，来获得自己的快感，达到压制别人、抬高自己的目的。对待这样的人，开始可以采用回避的方法，但如果没有效果，只好硬碰硬，让他（她）明白自己也不是好惹的，借以改善自己的生存环境。退避三舍是被人耻笑的，尤其是在公共场合。对于不怀好意的打小报告者，一旦让他（她）得逞，就直接影响到你在领导面前的形象。当感到他（她）的态度不友善时，就要及时理直气壮

地予以揭露，不留后患，使他（她）在领导面前失去信任，避免给自己制造麻烦。揭露打小报告者，要拿出真凭实据，不要仅仅凭着语言去辩解，否则会越辩越黑；在没有实据的情况下，要适当忍让，避免给人留下"如果没有问题，为什么要辩解"的口实。

综上，身处职场，职业女性要想一路畅通地走向成功，就要学会与不同的人的相处之道，懂得聪明地保护自己，这样即使面临困境时也能淡定从容地渡过危机，化险为夷。

❋ 远离敏感问题，小心被人当枪使

在竞争越来越激烈的公司中，同事之间的竞争也更加激烈，你和他们表面上可能相处得很好，而实际上却不是你想象的那样美好。可能会有人在想方设法让你在工作中出错，好让自己在老板面前有机可乘，受到老板的表扬和赏识。也可能有人会忌妒那些在公司中表现比较优秀的同事，想联合你在他们背后做一些有损他们利益的事情，其实是拿你当枪使，陷你于不利。

遇到这种类似情况的时候，你可以适当地装傻或拒绝。在有人问你的工作情况的时候，把大体上的情况和他说一下就可以了，不要详详细细地把每一个细节都告诉他，这样既让你回答了他的问题，也避免跳进对方可能对你设计的陷阱。在有人想要联合你去打压另外一位同事的时候，最好是拒绝他，即使那位同事没有要利用你的意思，这样做也是不合情理的，而如果他是在为你设计陷阱，你的拒绝就帮你逃过了一劫。

孟颖公司的老板决定从几名中层经理中选拔一位副总。销售部和人事部经理是两位候选人，他们都在公司工作了很多年，对公司作出了很多贡献，也有胜任副总工作的能力和丰富经验。公司是通过投票的方式决定谁当选，所以，在选拔信息公布了之后，两人便开始在公司中明里暗里地各自拉选票。孟颖是刚刚到公司上班的新人，是负责项目研究的经理。销售部和人事部两位经理都来和她谈过自己的竞争优势，还有当选之后要如何

如何地对她等一系列有关投票的事情。

由于对公司人事方面还不是很熟悉，聪明的孟颖并没有表明自己的立场，而是对他们说："对不起，我刚到公司，通过其他同事的介绍，我知道你们都是前辈，都有胜任副总的能力。但是，投票的工作即将展开，我不可能对你们都有一个非常全面的了解。如果只凭我的表面印象就对你们下结论，无论对你们哪一个都是不公平的。为了对你们负责，也对公司负责，我决定向老板申请弃权，希望两位能体谅我的处境。"两位经理也是明事理的人，觉得她说得很有道理，就没有再对她"纠缠"。

在这种情况下，孟颖只能坚持自己的立场，因为她是新员工，不像老员工那样在平时的工作中就已经表明自己的立场了，两位同事都想利用这一点来拉拢她，壮大自己的"实力"。如果孟颖这时候没有保持自己的立场，而是随意地选择一位，无论她选择的是当选了还是没当选，都会让她在以后的工作中很难做事。

在社会生活中类似于孟颖的情况，是经常会有的，这时你要特别小心处理，处理不当往往就会被人利用，被别人当枪使。这在职场中发生的概率比较大，因为你与同事之间的竞争是最大的。如果碰到这种事情，你一定要有自己的立场，否则你很有可能会被人利用，在职场中"生存"不下去。

在关乎多方利益的问题出现的时候，要避免自己被人当枪使，最好是保持中立的态度。比如，有几位同事因为某种原因发生争执，闹得不可开交，成为公司的焦点，这时，肯定会有人过来问这问那，想知道你对此事的看法，这就需要你在平日里尽量减少与他们的联系，把联系的工作交给秘书。这样即使有人向你问一些问题，你大可以用"不清楚"来回答，避免了不必要的麻烦。

别人能把你当枪使，是因为他看清了你的"弱点"。比如，他知道你有见义勇为的性格，就会告诉你他是如何受了其他同事的欺负。因此，一定要清楚自己的弱点，在有问题涉及你的弱点的时候，要格外地小心，三思而后行。如果这时候你控制不住自己，你很有可能就替别人说出了他不想说的得罪人的话，让自己替别人背起黑锅。

在工作中学会藏锋也是避免同事想把你当枪使的方法之一。同在一个办公室的同事往往会因为太过锋芒毕露，觉得你对他产生了威胁而采取一些对你不利的行动，有的可能会表现得很直接，对你的一些行为不满，但是有的却会利用相反的方式，表面上对你好，实际上是制造陷阱让你跳。

因此，女性朋友一定注意了，遇事的时候要冷静，要学会装傻、学会拒绝、学会藏锋，在不好表明态度的时候，保持中立。但是，不要做两面派，两面派更会得到同事的排挤，在竞争中最容易受到伤害，要根据自己的切身利益慎重考虑，找准自己的立场，并且坚持它。只有这样，你才能在职场中站稳脚跟。

❀ 对待小人，把握好你的尺度

俗话说："宁可得罪十个君子，不得罪一个小人。"君子做事光明磊落，小人就不同了，他们人格卑劣，不讲信义，不讲道德，不择手段，不计后果，一点儿小事也会耿耿于怀。因此，人人厌恶小人。

偏偏小人是无孔不入的，无论是在生活中还是在职场中都会出现这样的人。比如，在职场中，无论什么性质的公司，无论什么规模的企业，都有可能出现小人。小人非常善于给同事穿小鞋，公司的小报告都是他们打的，他们喜欢揭人的短，有鸡蛋里挑骨头的本领。还有一点，小人总是口蜜腹剑，把领导哄得团团转，深得上级厚爱。你知道小人卑鄙，却不能奈何他，更不能得罪他，一旦得罪，可能会在今后的工作中连连栽跟头，落个惨兮兮的下场。所以，一旦得罪小人，就要斩尽杀绝，否则就远离小人，不要和他们产生利益上的冲突，否则你就会麻烦不断。对于女性朋友来说，身边也会围绕着小人的影子。

那么，如何识别小人呢？第一，先小人是非常善于拍马屁、吹捧人的，他们就喜欢对领导摇尾巴，自然容易讨得欢心。第二，小人两面三刀，人前一套，人后一套。上班族压力大，谁都想把工作做好，哪有工夫去辨别小人嘴里的真假虚实，说不定什么时候，你就被小人的虚情假意给蒙蔽了。或许你会问，小人不累吗？当然不累，他们最喜欢耍花招，即使脑细胞死掉一大片，也乐此不疲。第三，小人喜欢挑拨离间，打击异己。小人最看不得跟自己作对的人，为了打击对手，他们可以使出一切卑鄙手段。第四，小人总是花言巧语，能言善骗。小人的嘴永远抹着蜜，什么好听说什么，哄死人不偿命，已经被夸得云里雾里的你怎么能看清这其中的真实意图？

人性大多都是善的，小人的心却是黑的。你的狠毒比不上小人，阴暗比不上小人，冤冤相报的精力没小人旺盛，对付人的花招和心眼也没小人多。所以，还是别跟小人斗，别去得罪他们。

小人做的大都是两败俱伤的事，他们宁可伤害自己，也要毁了得罪过他们的人、遭他们妒忌的人。天长日久，有些小人的真面目自然会显露出来，被大家唾弃。可小人都是很高明的，他们才没那么容易被识破，甚至有可能永远不会失手。所以，还是别得罪他们的好，免得他还没落败你就先吃了哑巴亏。

不得罪小人，不代表就要受欺负。怎么对付小人？这里有几个原则。离小人远，他会心生怨恨；近，容易被他抓住把柄。所以，对小人要勤打招呼，少说话；不要主动和小人来往，也不要拒绝和他来往；不和小人深交，但也不和他们绝交；可以给小人一些好处，但绝不要占小人的便宜；不要进小人的圈子，也不要让小人深入自己的领域和心灵；不去刻意帮助小人，不阻拦小人想做的事，不去规劝小人，不参与小人的活动，也不讨论小人的行为，由他发展，任他自生自灭。

细菌容易繁殖，小人容易得志。小人一旦得志，就可能干大坏事，把天大的好事给毁了，所以不要小觑小人。碰上小人，一定要小心。小人不受道德规范约束、不讲游戏规则，切不可以其人之道还治其人之身。

"安史之乱"平定后，立下功劳的重臣郭子仪为了防止小人妒忌，从不居功自傲，一直非常小心谨慎。有一次，郭子仪生病了，有个叫卢杞的官员前来探望，卢杞是个声名狼藉的奸诈小人，相貌奇丑，一般人看到他都忍不住捂着嘴笑。郭子仪听到门人的报告，立即让家人回避起来，不许露面，自己一个人走到客厅里待客。卢杞走后，家人问郭子仪："为什么让

我们躲起来呢？"郭子仪笑着说："这个人长得很丑陋，内心也十分阴险。你们看到他后，万一忍不住失声发笑，他一定心存忌恨。如果这个人将来掌权，我们家族就要遭殃。"后来，卢杞当了宰相，拼命报复，把所有得罪过他的人都除掉了，唯独对郭子仪还算比较尊重。可见，不得罪小人，能够避免许多不必要的纠纷和麻烦。

遭遇小人，不能乱了方寸。在职场中和小人一起工作仍然能够生存下来，就要做到以下几点：

1. 不要为他的无耻动怒，而应该努力工作

与其陷在对小人的怨恨和不满里，不如集中精力做好本职工作。行动是最佳的解释方法和最有力的反击武器，一切造谣中伤的话都抵不过事实。

2. 不要恃才傲物。居功自傲的人，容易被小人利用

你的自傲会让同事疏远你，不愿意和你沟通，精明的小人就会乘机兴风作浪，挑起误会。与大家和睦相处，小人就找不到挑拨离间的借口。

3. 和领导保持沟通

如果你工作出色，就会遭小人忌妒。干得越多，出错的概率越大，一旦出现失误，小人就会借题发挥，在领导面前诽谤你，说你过于骄傲才犯下了错；在同事面前诋毁你，说你听不进大家意见才造成了失误。这时，你需要及时跟领导沟通，把实情说出来，你不说，领导不会知道事实真相。日久天长，谣言会断送了你的前程。

4. 以平常心笑看小人的闹剧

当然，平常心不等于漠然对待，不等于让流言到处飞，需要解释时气定神闲，需要澄清时不愠不火。不把情绪带到脸上，拿捏好相处的火候就行。

在我们的生活以及职场中有小人不可怕，可怕的是你拿不出好的方法面对这些人。任何时候都别得罪小人，这样才能让你的生活更加幸福美满，让你的职场路越来越顺畅。

❋ 别被突然升温的"友情"烫伤

　　和好朋友相处要保持适度的距离；和普通朋友相交往更要把握其中的尺度。当对方突如其来地对你表示友爱之情的时候，你一定要冷静观察，以免被他骤然升温的友情所烫伤。当然，真正的朋友要经过一定时间的了解和共事才能建立彼此的友情，同时也能经得起种种考验。孔子曰："不得其人而言，谓之失言。"如果你连对方都没有彻底弄清楚，就在那里畅所欲言，甚至还把自己的一些重要事件全数抖落，只会让人感觉你有失礼态。逢人只说三分话，即便是最亲近的都还要保留七分，那么又何况只是相交甚浅的普通朋友呢？

　　通常一个历经世故的人，绝对不会和普通的朋友"畅所欲言"，或许你心里会认为他们狡猾，不诚实，但这也的确是为人处世最基本的自我防护，说话看人，也要看看对方是不是真的值得你托付于心。如果你和某人只是普通朋友，虽然一起吃过饭，但还谈不上交情；如果你和某人曾是好友，但已有好长一段时间没有联系，似乎感情已经淡漠了。但是有一日，他们却对你异常热情友好，甚至苦心运用一些办法与你亲密，在这种情况下，你应该有所警觉，因为他们可能对你有所企图！

　　当然我们这里只能说是"可能"，以避免以小人之心度君子之腹，误解对方的好意。也许有人当时真的是对你满腔热情与诚意，丝毫没有任何企图。人是一种感情动物，他们有可能因为你的言行而突然对你产生一种无法

抑制的好感，就像男女间互相吸引那样，这种情形也不能排除。不过这种情形不会太多，而且你也要尽量避免出现这种情况，碰到突然升温的友情，宁可冷静待之，保持距离，使之冷却，这样就不会被烫伤！

古时候，有一个人名叫服子，是个很了不起的人才。有一次，他的朋友向他推荐一个人，服子见了他之后，却对这位朋友说："此人有三个缺点。首先，他见人便笑，说明他为人不够严谨，凡事都不够严肃；其次，你看他说话的时候，从来没有提起过自己的老师，而是一个人在那里夸夸其谈，说明此人非常不懂礼仪；最后，交浅言深，我跟他是通过你才认识的，本来两个人都不熟悉，他见到我后，却什么都跟我说，也不深知我为人怎么样。这样的人肯定会祸从口出。这样的人绝对不可交，试想，下次他再见到别人后，同样可能把你我之事和盘托出，虽然他无心，可是难免听者有意。所以，我劝你也还是早点儿从这个人身边离开。"

有一些天生就很热心肠的人，见到任何人都喜欢唠叨话家常，常常激动之时，便什么都脱口而出了。其实，你说的话，是属于你自己的事情，彼此关系不算深厚，你就把老底给托出，显然会让人认为你单纯幼稚，而且你也没有顾及到别人爱听与否的感受。事无不可对人言，是指你所做的事，并不是说你必须尽情向别人宣布。说话本来就是有限制的，对人，对时，对地。非其人不必说，非其时也不必说，非其地看着说。

人类在精神交流方面向来是很有讲究的，甚至往往比商品贸易更强调自愿平等的交换原则。在生活当中，一个再平和、再善良的人，你也不能让他听你说他不想知道的事情，或者让他说你知道而他不知道的事情，他可以关心和帮助你，但他绝不可能把自己最隐私的东西告诉你，除非他另有所图。在如今的商业社会中，朋友之间的一些友情是建立在一种共同的利益之上。你帮了别人很大的忙，因此他对你十分感激，慢慢地，你们也交上了朋友，相互帮忙。因此，当你在生意场上突然有人对你产生友情时，你一定要先降降温，冷静视之。

某研究所研制出一项新成果，在国际上处于领先地位，并能创造出巨大的经济效益。这一信息被某国一家大公司得知，他们非常迫切地希望得到这项技术，于是派出了工业间谍倩倩。倩倩利用合法的身份作掩护，绞尽脑汁寻找机会。最后，她把目光放到该研究所的助理研究员王钰身上，因为王钰也参加了研制工作。

王钰是刚参加工作不久的研究生，年轻干练，好结交朋友。倩倩先是通过他人引见认识了王钰，然后又通过请王钰吃饭玩乐、赠送礼品等手段同王钰拉近距离，取得了王钰的好感。时间长了，二人经常一起出入酒吧、高级商场，当然一切花费都由倩倩承担。后来，二人成为非常要好的朋友。王钰对倩倩无话不谈，她抱怨自己工作十分辛苦，贡献很大，待遇却很低，参加工作几年，竟然连一套住房都没有分到，很想离开研究所。倩倩见有机可乘，马上介绍外国的生活有多么幸福，条件有多么好，并表示愿意帮助她摆脱困境。王钰十分高兴，马上恳求倩倩尽快帮忙。倩倩见王钰已经上钩，便提出条件，只要王钰把他们所的一项科研成果的资料弄到手，就可以安排出国。

当时王钰虽意识到这是泄露国家秘密的犯罪行为，感到十分为难，但终究还是经不起倩倩的利诱，最后狠下心盗窃科研资料。一天晚上，王钰利用机会，用倩倩交给她的摄像机偷拍了资料，而后交给了倩倩。就在倩倩为自己的成功感到高兴的时候，倩倩和王钰都被国家安全人员"请"进了国家安全局。原来，对她们的密切来往，有关部门早已察觉，并采取了适当措施。几个月后，王钰因为向境外人员非法提供国家秘密罪，最后被某市中级人民法院依法判处有期徒刑十年。直到这时，身陷囹圄的王钰才意识到这位朋友的真正用意，可是，等到她醒悟时已经太晚了。

任何人都应该有防备之心，对于那些相交不深的人，一定要注意别着了

小人的道。当你把那些原本属于你的珍贵情感或极富价值的信息随意就送给了一个陌生人，反而会让人觉得你很轻浮，没有什么自制力。

　　刚开始，或许两个陌生人不会显露出过多的话语，但是俗话说得好，"路遥知马力，日久见人心"，几次接触之后，一些见识浅薄的人就很容易把自己的一些心事告知对方，并且还常常让对方成为自己的倾诉对象。所谓"交浅言深，君子所戒"，千万不要跟这种人交朋友，小心有一天他也会把你"交付"出去。

　　正因为人们所结交的知心朋友对人的一生都会产生很大的影响，所以交友时必须注意择友。女性朋友一定要明白"浅而言深，既为君子所忌，既为小人所薄"的道理，君子之交淡如水，说话也需要"天时地利人和"。而且对那些有目的的朋友我们要有距离地交往，警惕突然升温的友情灼伤自己。

Chapter 6

20岁定好位,30岁有地位
——单纯女孩要懂点儿职场规则

❀ 不要把自己搞得可有可无

职场上流传着这样一句话:"这个世界上什么都缺,就是不缺人,一旦你没有了可利用的价值,就会像甘蔗渣一样,人见人嫌!"市场不同情流泪者,职场也同样如此。公司也许去年还当你是块宝,奉你如上宾,但是今年却让你备受冷落;也许上个月你还是公司叱咤风云的人物,然而这个月你已经面临解职、降职的危险;也许昨天领导还对你笑脸相迎,但是今天却对你破口大骂……身在职场中有太多的大起大落了,也可以饱尝到世间的人情冷暖。你可以感叹、可以抱怨,却对此无能为力——这就是现实。

孟云从英国留学回国后,进入一家公关公司。老板很看重孟云的留学背景,而且经常把对孟云的重视放在口头上。仿佛是在督促大家要积极地学习,否则就将会被淘汰出局。被重视当然是件好事,但是被老板说出来就不好了,孟云明显感觉到了来自周围的压力,尤其是同一部门同事曹菲菲的。

曹菲菲对孟云的不满应该有着充分的理由。曹菲菲在公司里已经干了很长一段时间,自从孟云进入策划部后就被分配到了她的部门,一直和她一起负责活动的策划工作,孟云的到来无疑成为曹菲菲的最大威胁。

不久,她们就接手了一个重要的项目,两人每天都讨论到很晚。因为刚进入公司的缘故,孟云想要好好地表现一下,于是她卖力地出主意、想点子，提出了一个又一个方案。可是没有想到的是，曹菲菲背后单独见了老板，把两人一起作出的方案呈给了老板，却绝口不提孟云的名字。结果，老板赞赏了曹菲菲的积极表现，对于孟云的表现则比较失望。孟云开始意识到自己的危机，如果不改变脱离这种困境，自己被扫地出门是肯定的。

此后，在策划讨论的时候，孟云都会在大家的面前说出自己的创意，让大家都知道自己的优势：有点子、有创意、懂得揣摩客户的心理。这些都是曹菲菲所不具备的。孟云更在以后的工作中，不断强化着自己的优势，成为公司里的中坚力量。而曹菲菲，自从偷窃了孟云的策划方案后，就再也没有拿出过好的策划，她自己的方案也总是被老板否决，显然成为一个可有可无的人。半年后，曹菲菲就主动提出了辞职。

曹菲菲在职场中的地位轻易被孟云所动摇，为了保全自己的地位，她通过一些不正当的手法来维护自己的利益。但是不幸的是，她的手法并不高明，反而引起了对手孟云的警觉，并最终完全替代了曹菲菲在公司的地位。也许有人认为曹菲菲如果成功的话就不会如此了，但是事实却并非想象的一样，纵使没有了孟云的威胁，也难保以后不会出现类似的危机。我们之所以明显感觉到了危机，就是因为我们的地位正在遭受他人的威胁，我们意识到自己的位置会被他人取代，这就是问题的所在。而解决的办法也只有在自身上下工夫——提升自己的不可取代性。唯有让自己的地位无可替代，才能保证自己无后顾之忧。只要你有存在的价值，具有他人所无法取代的优越性，公司就不会亏待你的。正如我们都愿意结交比自己更优秀或者能帮助自己的人，而不愿结交对自己毫无帮助而三天两头给自己带来麻烦的人。我们印象中总会有些人对于我们的影响非常深刻，因为他们的地位无可取代，之所以如此，肯定在他们身上有别人所没有的东西。

如何让自己变得不可取代呢？从本质上来说，这个世界上只有两种人不可取代：一种就是某一领域里的强者；另外一种就是创新者。前者无人能

敌，后者则永远走在别人的前面。所以，我们要做勇于吃螃蟹的第一人，而不要总是去咀嚼别人吃剩的"馒头渣"。即使我们做不到这两点，也请记住，无论如何你都需要证明，你为老板创造的价值远远大于老板向你支付的薪水。也就是说，如果你期望自己的价值和薪水画上等号，那么你绝不是老板心目中的第一人选。

在公司里，没有能力，再能吹嘘自己也是枉然。懂得抬高自己、推销自己固然重要，但同时也要努力提升自己的能力和实力，否则就是一具空架子。如今职场中出现了大量的"汉堡人才"，所谓汉堡人才就是指那些拥有本科以上学历，持有至少一项职业资格证书或技能证书，但在跳槽时却屡战屡败，得不到自己的理想职位和薪水的人。这群人就如同巨大的汉堡，虽然外表光鲜，但是实际上却没有多少"营养价值"。他们在工作的时候发挥不出自己的能力和实力，在这个竞争激烈的职场中，这样的人又有什么竞争优势呢？

要想取得成功，只有不满足现状，努力提升自己追求更高的目标。实际上，在提升自己的能力和实力的同时，也从根本上抬高了自己的身价。正如比尔·盖茨一样，他所具备的正是其他人所没有的才华，不仅是某一领域的最强者，更有不断创新的精神。所以，他的强大和富有是必然的。

如今有不少公司出于成本等因素的考虑，经常将本公司的业务和工作外包给其他公司。在这样的趋势下，未来的工作就会出现两种类型：一是可被取代的，也就是容易被外包的工作；还有一种是不可被取代的，也就是高附加价值的工作。

在这种新趋势下，每个人都应该认真想想自己的工作是否容易被取代，想想你的工作究竟是暂时性的，还是永久性的。而这些都取决于你是否有危机意识，并因为有危机意识不断充实自己，提升自己，创造出自己的"不可被取代性"。他们知道，机会永远是留给准备充分的人。《世界是平的》这本热门著作的作者曾说，只有"很特殊、很专业、很会调适、很深耕"的人，才不会在这股外包浪潮中被取代。

只要你肯用功思考，再简单的工作也可以做得很出色。全球第二大人力资源公司万宝华的总经理李崇领曾说："所谓不被取代的工作，必须是技术含量高，一般人无法涉猎的领域，因为它能凸显出个人的价值。"因此，无论你是精进自己的技术，还是有不断创新的思路，都是一种技术，是无可取代的资本。当然，如果你既不是技能高超，又没有创新的点子，那么就掌握与人相处的诀窍吧。只要你善于与人沟通，人缘颇佳，同样能让自己变得无可取代。

❀ 学一点儿"暗战"战术

在职场中的钩心斗角，有的为的是名利，有的为的是权力，还有的为的是金钱或别的。总体来说，这算是一种心理，一种职场中人的心理，在职场中间接地表现了某些人的心机或欲望。这种现象，一定会一直存在于职场的每一个角落，不管你是经理，还是主管，或是员工，都将继续面临表里不一的对手。关键是你要怎样处理，怎样接住对方一不小心丢在你面前的"炸弹"。

那么，遇上了工于心计、钩心斗角的人，你到底有没有能力去战胜这些心机人物？下面教你几种应对办法：

1. 不要四面树敌，保持互相尊重的伙伴关系

职场无深交，但也别四面树敌。进入单位后，要尽量低调圆融。同事是工作伙伴，不是生活伴侣，你不可能要求他们像父母兄弟姐妹一样包容和体谅你。同事之间最好保持一种平等、礼貌的伙伴关系，彼此心照不宣地遵守同一种"游戏规则"。即使为了生存，不得已进入某一派系后，也要尽量中立。

几乎所有的女人天性都好打听别人的隐私和津津乐道地传播小道消息，并且无师自通地添油加醋。但是在职场上，一定要克服这种毛病。因为每个人都不想自己的隐私被别人知道，不论你与他多么地亲密。胡乱打听和传播这些隐私信息就可能给你带来隐藏的敌人。

2. 学会察言观色，敏于事而慎于言

要想获得晋升，先要学会察言观色，敏于事而慎于言。有了很强的观察能力，就会把握好做每件事、说每句话的最佳时机，不让领导烦，也不让同事烦。敏于事包括了一切责任，一切该做的事，要马上做；慎于言就是不能乱说话。做事有时候并不是你的本职工作做好了就行，而要营造一种融洽的工作环境和气氛，是上上下下对你的好评。要想形成良好的口碑，还需要懂得察言观色，说话办事也要谨慎，该说的说不该说的坚决不说。哪怕和别人坦言自己不能说的原因，也不能把不该说的说出来。

还有，职场女性一定要记得除了直接领导和最高领导，公司内部的关键人物莫得罪，因为他们的一两句话，往往比自己主动努力有效得多。

3. 锻炼沟通能力，建立良好的人缘

身为女人，要想在职场内远离各种斗争，就要有好人缘，并且通过好人缘来促进你的事业，这就要求你一定要懂得沟通。沟通的技巧不光是一门学问，更是一门艺术。据有关研究表明，善于沟通的女人通常具有以下特征：聆听多于表达、尊重他人的隐私、不过于谦虚、犯错误时勇于承认并坦诚道歉。

在我们日常工作与生活当中，好多人说话都不会注意，经常不讲究技巧就直截了当地指出别人的不足之处。要懂得，世界上没有任何人是完美无缺的，所有人都存在自己的缺陷与短处。当你要"如实"揭别人短的时候，要反求诸己地想想自己的短处，这样就会在说话时适当地有所保留，给他人留一分面子，就等于给自己留一条后路，自然，也就是给自己创造良好人缘。

4. 学会放弃，做聪明的糊涂人

当你已经陷入激烈的职场争斗时，要学会放弃，心态要好，不要万事计较。尽量避免和有利益冲突的人打交道，没有利益冲突，很少有人会专门去算计别人。想开点儿，大家都不过是想生存罢了。"难得糊涂"在于糊涂的时机，什么时候糊涂取决于你不糊涂的程度。如果一个人真的是很聪明，但也不能把自己的聪明全部都写在脸上，需要糊涂的时候做到装糊涂才是真正的聪明。因为他们深知，在聪明人面前装糊涂，会避免尴尬。在愚蠢人面前装糊涂会得到认可。在上级面前装糊涂会避免打压，在同事面前装糊涂可以避免受到排挤，在下级面前装糊涂可以得到信任和了解下级的想法，唯一一点

必须记住,在需要你发挥聪明的时候要像火箭一样点火升空。所以,做人有时还是糊涂点儿好,要学会给自己留下余地。

5. 懂得分享,化解危机

所有人都是蜡烛,要点燃自己并且照亮别人,如果你只照亮自己,你的前途将一片黑暗;如果你只照亮别人,你将成为灰烬。

❀ 说话要得当

俗话说："会说话的令人笑，不会说话的令人跳。"与人交流，说话当先，说话技巧，即是对人施加影响、体现自身价值的一种重要方式，也是为人处世、谋事创业的一种资本。

在与别人沟通时，我们既要懂得热情地赞美，又要懂得传达于对方不利的坏消息。也就是说，说话要巧妙，要得人心。常言道："良药苦口，忠言逆耳。"即使确实是为别人着想，也不能轻易说出口。爱听恭维自己的好听话，是人的本性，无论何人，对于别人的忠言或劝告，往往难以接受。古往今来，有多少忠臣名相就是因劝谏落得身首异处，甚至被株连九族，这都是血的教训！

褚遂良是个耿直之臣，经常犯颜劝谏。有一天，唐高宗李治要废了王皇后，改立武则天为皇后，文武大臣都是反对的，但是都不敢表态，因为说不好就得掉脑袋。作为托孤重臣的褚遂良，这时候又站了出来，列举了很多理由来说明这样做是不可行的，还说武则天已侍奉过先皇，现在怎么还能够再侍奉陛下，再当皇后呢？一定会被天下人议论，于公于私都是不妥的。李治很生气，但也没有直接把他怎么样，可是武则天得知此事后就怀恨在心，非得除去这个"眼中钉""肉中刺"不可。之后，李治还是执意要立武氏为后，褚遂良又公然在大殿之上表示反对，使得李治下不了台，

最后在武则天的怂恿下,褚遂良被贬为潭州(长沙)都督,又转为桂州(桂林)都督,再贬爱州刺史,最后死于任所。

诚然,褚遂良说的句句在理,句句是为李家的天下着想,但是他不分场合,不分对象,犯颜进忠言,结果一代顾命大臣落得个如此悲惨的结局。

在交流中,说话的双方都希望对方能对自己实话实说。但是,在某些特定的场合下,如顾及面子、自尊及出于保密等原因,实话实说就会令人尴尬,伤人自尊。但是实话又不能不说,在这种时候就需要转着弯儿说话了,力争将话说得让人听着顺耳,从而欣然接受。

在社会交往中,一个人怎么说话,常常是他全部能力的体现。话说得很多却不到位,不如不说。关键时候的一句话,也许是一个人的命运转折点,不可不谨慎。如何才能找到一种正确的方法,使忠言不逆耳,从而避开对方的不愉快思想呢?

当年孔子、孟子等先贤周游列国,游说各国的国君、大臣,从现在的文字记载资料来看,他们大都是实话实说,以理服人,以使那些有权有势的人接受他们的主张。《战国策》上所记载的《触龙说赵太后》,也是实话实说的典范。触龙这位忠心为国、善于进谏的老臣希望赵太后能够把她所宠爱的公子放出去锻炼,增长才干,为国立功,将来才好在赵国安身立命。为了达到说服的目的,触龙非常讲究说话的艺术,在觐见之初先是嘘寒问暖,然后再谈及周围的环境形势,需要的人才,把情况说得合情合理,丝丝入扣,直到赵太后转怒为喜,并最终接纳了他的这一建议,从而达到了自己说话的目的。

显而易见,这种说话的方式对于我们的交际无疑是非常有益的。为此,我们应当传承和研究这种说话的艺术,以便收到一般实话实说所不能收到的效果。

因此,如果你一定要带给他人一些坏消息,或粉碎他人的希望时,你更要尊重他人,一定要注意维护他人的虚荣心。

但是在现实生活中,很多人却不能清楚地明白这一点,一见到他人没有成功,就会犯自我膨胀的毛病,总是不由自主地这样做。而对方一旦发现这种行为，就会认为他们是在幸灾乐祸，哪怕是一闪念的怀疑也会给你带来不必要的麻烦。

所以，那些处世圆融的人在必须传达给他人一个坏消息或粉碎他人的希望时，总会想方设法不让他人有耻辱的感觉，将坏消息所带给人的消极影响降到最低。

亨利·福特总统在面对必须拒绝他人的请求时，有着一套独特的应付办法。为了减轻对他人的打击，维护他人的尊严，他一定会让自己的助手接见这个人，并"暗示应该怎样应付他和他的请求"。有时，福特居然还用一种私人代码，他让求他之人去见他的助手时顺便带一张便条给助手。如果便条上的"see"字拼写正确，他的助手就知道福特应允了此人的请求，如果"see"被拼成"sea"，助手就知道应该拒绝这个人。

麦金利总统会用一种更简单、更直接的办法来表达自己的想法。如果他要拒绝某人，就会格外恭敬地招待他，比如请他吃点心或午餐等。奥尔科特曾这样描述麦金利："他有好几次必须要拒绝别人，于是他说得那样诚恳，以至于那些被拒绝的人都成了他的好朋友。"

事实上，无论怎样拒绝别人，毕竟会给人带来一种非常不好的情绪。大人物尚且如此，因此对于年轻而心细的女性而言，在遇到这种问题时更应该慎重对待。

在生活中，许多人把面子看得比什么都重要，所以在说话的时候，尤其是在传达于对方不利的消息的时候就要懂得给他人留有面子，并在必要的时刻给对方一个台阶下。

聪明的女人懂得如何不揭穿他人的谎言，免得使人下不了台。因此，在交际过程中为了不伤对方的面子，你应当在谈话中给对方留台阶，可以假定双方在一开始时没有掌握全部事实。例如，你可以这样说："当然，我完全理解你为什么会这样想，因为你那时可能还不知道有这回事。在这种情况下，任何人都会这样做的。"或者："最初我也是这样想的，但后来当我了解到全部情况后，我就知道自己错了。"这样对方也就很容易接受你的观点了。

❀ 不要小看那些"平庸"的同事

好多办公室中都有这样一种现象：有些同事整天无所事事，上班对于他们来说就是喝茶看报，上网聊天，下班准时走人，而领导却会对他们的做法睁一只眼闭一只眼，只要不是很过分，那就没什么问题，这就是我们眼中看似非常平庸的同事。或许你心里会觉得愤愤不平，觉得他们比你做得少，玩得比你多，每天拿着工资在这儿混日子，老板却仍然重用他们。

其实工作中努力敬业的人是值得我们所有人尊重和学习的，这是众人皆知的道理。但是在办公室中，对于那些整天看似无所事事的同事，也绝对不能随便得罪，因为那些你看似平庸的人其实一点儿都不平庸。

名校毕业的美凤原以为自己所在公司的人各个精明强干，谁知过关斩将，拿到门票进来一看，不过如此。前台秘书整天忙着搞时装秀，销售部的小单天天晚来早走，三个月了也没见他拿回一个单子；还有统计员月英，整个一个吃闲饭的，每天的工作只有一件：统计全厂203个员工的午餐成本。美凤惊叹，没想到进入了e时代，竟还有如此的闲云野鹤。

那天去行政部找阿玲领文具，小单陪着月英也来领，最后就剩了一个文件夹，美凤笑着抢过说先来先得。月英可不高兴了，她说："你刚来哪有那么多的文件要放？"美凤不服气："你有，每天做一张报表就啥也不干了，你又有什么文件？"一听这话月英立即拉长了脸，阿玲连忙打圆场，从美凤怀里抢过文件夹递给了月英。

过了一会儿,老板把美凤叫到了办公室,批评了一顿,并告诉她下次如果再这样就马上辞退她,连给美凤解释的机会都没有。美凤气哼哼地回到座位上,小单端着一杯茶悠闲地进来:"怎么了MM?有什么不服气的,人家月英她小姨每年可是给咱们公司500万的生意呢。"说完,他打着呵欠走了。

下午,阿玲给美凤送来一个新的文件夹,一个劲儿向美凤道歉,她说她得罪不起月英,那是老总眼里的红人;也不敢得罪小单,因为他有广泛的社会关系,不少部门都得请他帮忙呢,况且人家每年都能拿回一两个大单。美凤说:"那你就得罪我呗?"阿玲吓得连连摆手:"不敢不敢,在这里我谁也得罪不起呀。"美凤听了,半天说不出话来。

很多时候我们看问题都比较片面。职场本来就是一个复杂之地,根本看不清里面的是是非非,更何况有些人还深藏不露。所以,聪明的女人在进入职场后千万不要轻易下结论。否则一不小心得罪人,那你以后的路可就不好走了。而且老板不是傻瓜,绝不会平白无故地让人白领工资,那些看似游手好闲的平庸同事,说不定担当着救火队员的光荣任务,关键时刻,老板还需要他们往前冲呢。所以,千万别和他们过不去。

一般人都认为,在公司里只要尽心尽力,取得业务实绩,赢得上司的赏识和老总的欢心,加薪提升就指日可待了。而对于那些一般行政人员,则没有给予应有的尊重和礼貌,认为得到他们的协助是理所应当的,所以平日就对他们指手画脚,急躁起来甚至会对他们颐指气使,拍桌瞪眼,把人际关系学的一套都抛到九霄云外去了。其实这是一个非常严重的认识误区。

事实上,有些办公室人员的职位虽然不高,权力也不怎么大,跟你也没有什么直接的工作关系,但是,他们所处的地位都非常重要,他们的影响无处不在。他们的资历比你高,办公室的风浪经历比你多,要在你身上找点毛病、失误,实在是易如反掌。所以,对待你身边的同事,千万不要以自己的个人观点来对待,处理好和同事的关系,你才能在办公室中坐稳。

❀ 恰当适宜地赞美他人

　　人都是感情动物，被别人赞扬时，都会露出喜悦的神情。尽管知道他的赞美有些夸大，但是心里仍然会非常地高兴。其实我们在生活中所说的赞美话，实质上就是人与人交往中的润滑剂，让人们能够更融洽地相处。而且赞美的话不嫌多，聪明的女人做事时为了达到自己想要的效果更应该多说，因为人人都渴望被赞美。

　　宁玲和王丽同是一家公司的高级主管，宁玲在同事中特别受欢迎，有些同事还会主动地帮她做一些事情，在她有困难的时候，更是不遗余力地去帮助她。而王丽的情况却恰恰相反，很少有同事会和她一起做事，甚至中午在公司吃饭的时候也不会叫上她一起，工作上有困难的时候，只有宁玲会偶尔帮助她，其他的同事都是坐视不理，因此，她带领的部门在几次的考核中都是最差劲的一个。

　　于是，王丽决定向宁玲学习一下工作方法。她在暗中观察了一段时间，发现宁玲并不是她想象中那么能干，其实知识水平、业务能力都没有她好。但是，宁玲很擅长和其他同事搞好关系。在早上上班的时候，宁玲会微笑着和每一个见面的同事打招呼，特别是在和同事见面的时候还会就他们的发型、服饰的一些变化说一些好听的话。在同事取得什么工作成果的时候，她会去祝贺，还会虚心地说："哎呀，你是怎么做到的，以后把方法也传授给我吧！"说得同事眉开眼笑，连连点头说好。

　　正是因为和同事的关系处理好了，宁玲工作起来才游刃有余，不会的就向同事请教，同事会把所知道的都告诉她，遇到困难时，她不开口都会有同事让自己部门的员工来帮她一把。

　　宁玲的赞美的话让她在同事中受到了欢迎，还很好地帮助了她的工作。你也可以做到这一点，让自己的工作更加顺手。其实，在与朋友或者同事的相处中，适当地说点赞美的话是必需的。如果你是打心眼里佩服某个人，就瞅准机会赞扬他几句；如果你不喜欢某个人，也不要表现出对他的意见。抓住时机说几句"赞美的话"，适当地"赞扬"一下他人，会使你们的关系变得融洽亲密，工作起来就不会有太多的隔阂，而且你说的"赞美的话"有时会让你得到意想不到的收获。

　　说赞美的话不会让你失去什么，既不需要你刻意地准备，也不需要你花费金钱，你在用这些话给同事一些人情的同时，能换回一些潜在的人情。这些人情会拉近你和同事的关系，给你制造更顺利、更轻松的工作氛围，让你更好地开展工作。对好相处的同事说赞美的话，会让你们的关系更加亲密，对不好相处的同事说赞美的话，会让他们觉得你并不难相处。

　　有时候说些赞美的话是为了避免尴尬的局面，这时，就要有所保留。比如，你的同事接受了很困难的任务，找你来诉苦。你这时候可以安慰她："不要太为工作发愁了，你要是实在完成不了，而我的工作又做得差不多的时候，我就帮你做。"但是你不能很肯定地说："我一定帮你的，你放心。"在同事要求你帮助的时候，如果你自己的工作还没有做完，你就会左右为难，不去就违背了自己的承诺，去就耽误了自己的工作，让你陷入了麻烦，而且还会让你的同事觉得你是出尔反尔的人，不利于以后工作的合作。

　　当然，要恰如其分地赞美别人的确是一件不容易的事情。如果称赞不得体，反而会遭到排斥，所以我们一定要称赞对方引以为豪、喜欢被人称赞的地方。而且说赞美的话也要看准时机和场合。最好在人多的场合说，人越

多,你对别人说的赞美的话就越会让他觉得有面子,起到的作用也就越大。但是,你不能把赞美的话说得太过头了,否则就变成了"拍马屁"。这既会让人觉得你是在说假话,产生厌恶的感觉,也会让外人看不起你。而且,还会让你和你的同事在无形中产生了地位上的差别,不仅不会起到拉近关系的目的,只会让你们更加疏远。

当然,赞美的话不是只能在工作的时候说,还可以在工作以外的时间说。比如,周末的时候,你在公园里看到同事领着女儿在散步,你就可以上前和他打招呼说上几句,不要忘了也和他的女儿说几句话,在临走的时候,把他的女儿夸奖一番,说他的女儿漂亮或者是夸他教女有方等。就算你说的有些事不符合事实,只要是不太离谱,都会让你的同事高兴一番。说不定在第二天上班的时候,你就会感受到那位同事和你变得亲近起来。

美国著名幽默大师马克·吐温更是对赞美的作用大加赞赏:"我可以为一个愉悦的赞美而多活两个月。"赞美是大家心与心之间的一种交流,不但可以消除人与人之间的隔阂,而且能让人与人之间的距离缩短。试问,有谁不喜欢鲜花、掌声与赞美?哪怕一句简单的赞美,都会给人带来无比的温馨和振奋。所以,当别人出色地完成某件事后,一定要对其说声祝贺。

不要认为对别人过多地赞美就是欺骗,这是与朋友交往的必要手段,既迎合他的需要,也让你得到一个好人缘。假如你在与朋友的相处中运用好了赞美的话,明天出现意外收获的时候,你也就不会因此而惊讶。

❀ 找准属于自己的位置

在实际生活中,有作为的人应该找准自己的位置,知道哪些事该做,哪些事不该做,把握好适度的原则,而不要越位。这样,才能够与别人和谐相处,并得到他人的信任和赏识,在个人事业的发展上,也会少一些不必要的阻碍。

在我们的工作中,每一个人都有属于自己的位置。即便得意时也不可忘形,或者不小心把手伸到人家的地盘上,难免受到上司的戒备、同僚的排挤。知道什么事情该做,什么事情不该做,是一种智慧,更是一种气度。

罗小姐是一家跨国集团所辖分公司的员工,经过几年的奋斗,她现在已成为这家公司的公关部经理。一次,总公司的几位高层领导在香港举行盛大的宴会。罗小姐在商场中有着一定的声誉,正是因为自恃业绩卓越,她在一些宴会中,风头常常凌驾于香港分公司总经理之上。

宴会当晚,到总公司的高层和主管分公司的总经理致辞时,罗小姐在旁一一介绍他们出场。轮到她的上司,即分公司的总经理时,她竟先说了一番感谢词,虽然只是三言两语,但已让总公司的主管皱眉,因为她当时只负责介绍上司出场,而无独立发言的权利。

在宴会的过程中,总公司主管主动与她交谈了一番。发现她在提及公司的事务时,常以个人主见发表意见,全不提经理的旨意,给人的印象

是,她才是这个分公司的总经理。宴会后,分公司经理被上级邀请开会,研究他是否坚守自己的职位,是否应由公关经理代为处理日常业务。后来,罗小姐因越位,被他的上司找个借口炒了鱿鱼。

有些场合,如与客人应酬、参加宴会,应适当突出领导。有的人作为下属,张罗得过于积极,比如同客人认识,便抢先上去打招呼,不管领导在不在场。这样显示自己太多,显示上司不够,往往也会引起领导反感。

我们在团体中,应该根据现实情况找准自己的位置,不要让自己越位,也不要让别人占据了自己的位置,这样,才能够保证团体成员间的协调合作,推动共同的事业向前发展。假如大家都找不准自己的位置,团体工作便无法协作进行。

从为人处世的角度而言,一个人要想达到升迁的目的,就必须脚踏实地地干好自己的本职工作,若非自己权限范围的事务,最好不要随便掺和插手,这样,才不会给人一种不尊重上司,或者想要霸占上司位置的感觉。否则,显现自己的野心,将会受到同僚的攻击、上司的防备和打击,会严重影响个人工作的顺利开展和事业的发展。

积极工作一向被人们认为是职场铁律,但有时这条铁律却遭遇挑战。职场中经常有这种现象:下属由于没有摆正自己的位置,弄得顶头上司尤其是那些心胸狭窄的上司很不高兴,在随后的工作中极有可能给自己的工作带来不便。确实,有时身在职场并非越积极越好,在不少场合,你就得学会摆正自己的角色定位,在自己的职位上有节制地出力,更能事半功倍。

在有的企业中,职员可以参与公司和本部门的一些决策。这时就应该注意,谁做什么样的决策是有限制的。有些决策,你作为下属或一般的普通职员可以参与;而有些决策,下属还是不插言为妙。人们往往喜欢对某件事情表明自己的态度,但是有时却超越了自己的身份,胡乱地表态,不仅是不负责任的表现,也是无效的。对带有实质性问题的表态,应该是上司或上司授权才行。也就是说,处于不同层次的人,决策权限是不一样的,有些决策你

Chapter 6 20岁定好位,30岁有地位
——单纯女孩要懂点职场规则

可以做,有些决策必须由上司做。每一个人都有属于自己的位置。"沉默是金"这句话需要你视具体情况见机把握。

如果你是下属,又时不时犯这样的毛病,领导就会视你为"危险角色",对你保持一定的警戒,甚至设法来"制裁"你。这时,即使你有意同领导配合,也为时已晚了,人家可能已不愿赏识你的配合了。所以切记不要做吃力不讨好的事。自作主张是与上司相处时的大忌,不管在什么时候,只要上司没有授予你定夺的权力,你就不要越权替上司决定任何事情。否则,吃亏的人只有你。

❀ 不要相信所谓的"不会亏待你"

许多上班族都有类似苦恼。老板经常会说:"好好干!我是不会亏待你的!"但是他却丝毫没有支付加班费、奖金和补助的意思和行为。致使你在公司里干得最多,工资却不是最高的,还要比平均级低。还有一些是同事辞职后,领导让你暂时代理此职,直到招到新人。这个期间,你干两个人的活,不但工资未涨,新人也迟迟未来。

"不招新人,也应给我涨点儿工资吧!"你在心底呐喊,老板也是知道的。但是,你不叫出声,他就装作不知道。

乔安是公司的业务骨干,是公司举足轻重的中坚力量。公司里但凡技术上的事情,没有她的参加,往往会半路出现问题解决不了,因此她也很受老板的重视。但是她也有自己的烦恼。因为她的重要性,老板大事小事都离不了她,凡事都要找她一起商量。为此,乔安经常为自己额外的工作加班加点,并且为此付出了很多的精力和时间,尽管把她的职位升了上去,但是却没有得到其他应有的待遇。上周,她领了5000元薪水,依然是普通员工的待遇,而以前主管的月薪是8000元。乔安特别郁闷:"我每天这样工作,公司对我也很看重,为什么升职半年多,老板还不给我加薪水?如果工作干得不好,那他为什么要给我升职?"

半年前,工作出色的乔安,由一名普通员工升职部门主管。这对工作了五年的她来说，是很大的鼓舞。为此，她更加拼命地工作，甚至连周末休息都放弃了。升职后第一个月，她发现工资未涨，以为是公司内部制度问题，也未在意，依然埋头工作。半年过去了，薪水依旧。

不知内情的同事，常开玩笑要她请客。当乔安说工资未涨时，大家都不相信，"怎么可能？你那么受老板重视，职位还升了？"……乔安想不通了："我可以确定我做的工作并没有出问题啊。若是老板对我有意见，可老板明明在几次员工大会上还表扬我的工作能力强啊。"

到底该怎么办？如果一升职就跟老板就薪水讨价还价，多不好意思。"搞不好的话，老板还以为我太注重功利，不大气。"但不说的话，乔安心里又很不平衡。她认为自己工作量增加了，担负的责任也大了，应该拿到相应的工作报酬。

作为员工，总是希望老板能多为员工着想，希望老板更加人性化，同时希望自己能以最小的付出获得最大的回报，如此水火不容的两种观点撞在一起，只能碰撞出矛盾的火花。员工作为其中的弱势群体，为了自己的生存，只能以部分利益的牺牲从老板那里换取生存机会。具体表现为无条件地加班、一味地妥协退让等，基本上没有机会说不。而这也在一定程度上助长了老板的过分行为，令他们有恃无恐。所以，人在职场，如果老板不加薪或者避而不谈，你一定要找机会和老板沟通一下这个问题。

首先，你要明确不给你加薪的原因，需要时间确认你是否胜任，还是公司预算有限，或者老板就是压榨你，针对不同的原因我们要考虑不同的办法。

比如，老板还不确认你是否能胜任，需要考察你一段时间，你就要知道老板会用什么指标考核你，期限是多久，大家有了统一的标准以后，你的努力才有方向。如果是跨国大公司，预算都是一年一做的，比如你在年终升职，可能收入增加需要层层审批，在这种情况下，你需要理解老板的苦衷，也要让老板知道你的辛苦需要物质加以肯定，不要忘记和老板约定一个期限，希望老板在什么时间提升收入。

当然不排除很多私人老板故意压榨你。有些老板为了鼓励你多干活会采取画饼充饥的方式来鼓励你："好好干，干得好给你涨工资！"这种赤裸裸的画饼方式，第一次讲的时候，或许好使。但是面对员工的二次进攻，这时候再继续画饼意义就不大了，这时候老板往往会使出另外一招：给你安置一个名头，只升职就是不给你加薪。让你戴着高帽，任劳任怨地多干活。这时候就要判断升职对你的能力提升或者长期发展是否有帮助，如果有帮助，虽然没有增加收入，还是可以在这个职位做一年半载。因为一般故意压榨你的公司规模都不大，你想从比较低的级别跳槽到大公司再做一个高职位的话，机会比较小，所以即使没有增加收入，你也可以做一年半年，感觉自己的能力确实提升，这时候可以再寻找外面的工作机会。如果你判断这个新职位没有什么含金量，就赶快做好寻找下一份工作的准备吧。

杜拉拉的升职之道

相信大家都看过《杜拉拉升职记》，这是一本让职场中人如获法宝的职场修炼手册。杜拉拉以容忍为大道、吃亏是福的道理，成功地由一个职场新人慢慢晋升为现代职场金领女性。这其中的是与非，让许多在职场中仍然迷迷糊糊的女性犹如当头棒喝，清醒了不少。

不管是在生活中还是在职场上，估计没有人想让自己的利益受损。可是杜拉拉就是靠着"吃亏"越走越稳，越升越高。其实表面上吃亏看似是祸，其实吃点儿小亏，却能让自己得到更大的便宜。吃亏是一种投资，你宽容别人，凡事礼让为先，为他人着想，能不计较的不要计较，能成全的就要成全，能帮助的尽量帮助，这就是最好的人情投资。

商业从来都是一个多赢的游戏，任何一个环节没有利益，这个游戏就无法持续进行下去。一个优秀的企业，不仅要对自己负责，还要对消费者负责，对经销商负责。"吃亏"不仅仅是指在时间和精力方面的付出，也包括时时刻刻多为对方的利益考虑。

华人首富李嘉诚有很多做人做事的哲学令人敬佩，他告诉自己的儿子，你如果和别人合作，假如你拿7分合理，8分也可以，那我们李家拿6分就可以了。

李嘉诚为什么要这样做呢？他让别人多赚2分，就会有更多的人都知道与他合作的好处，就会有越来越多的人愿意和他合作。你想看看，虽然他只拿6分，但现在多了100个人，那他的收益如何呢？成大事的人，他的思想必然也

是大气的,他不会只盯着眼前的一点儿小利而放弃更加长远的利益。

身在职场的我们也应该学习一下李嘉诚的致富之道。也许你的投入无法立刻得到相应的回报,也不要气馁,应该一如既往地多付出一点儿。回报可能会在不经意间以出人意料的方式出现。最常见的回报是晋升和加薪,除了老板,回报也可能来自他人,以一种间接的方式来实现。

多做一些分外的工作,就会多一次学习和锻炼的机会,也会多一种技能,多熟悉一种业务,上司对这种员工一定会青睐有加,只要你经常地去做一些分外之事,就会使你尽快地从人群中脱颖而出。办公室中就需要你去学会"吃亏",懂得"吃亏",要明白吃小亏实际上就是一种投资,是为了长远发展的一种考虑。

小陈最近心情不好。她的团队最近正在参加一个化妆品品牌夏季推广会的比稿,她很努力,而且她对自己这一次的创意很满意。她觉得这次是她在业内崭露头角的机会,所以,她和她的两个搭档加班加点,牺牲了好几个周末。就在她通过一次次的比稿快要把项目揽到手的时候,老板让她把这个项目让给另一个同事来操作,理由是那个同事与客户的关系更好,可以把这个项目揽到手的把握大一些;老板让小陈理解,为公司做点儿牺牲。

眼看着自己的劳动成果被同事拿走,自己的美好前景化为了泡影,小陈感到心里堵得慌。从小到大,她的长辈都这么教导她,为人要谦逊,为人要礼让,可她现在真不知道职场到底还要不要谦让,她怀疑,到了21世纪,谦让还到底是不是一种美德。

应该说,这种传统的谦逊是现代职场每个白领必备的素质,也是职场竞争中一大护身法宝。作为一个白领,你的成功,首先肯定是团队的成功,因为团队的成功也就是你自己的成功。的确,在这样一个充满商业竞争的社会里,对于一个渴望成功的职场新人来说,要你不去争,不去计较,满足上司的要求,甚至去欣赏同事的成功,确实是件不容易的事。因为你还缺乏足够的磨炼，对自己的劳动成果希望马上获得等值的回报，进而出现斤斤计较的现象。

一分耕耘一分收获，你要求获得回报没错，但是，你如果过分注重眼前的和金钱上的东西，对于一个职场新人来说，有可能适得其反。如果你老是喋喋不休地跟上司提加薪或奖金的事，一旦超出他的心理承受能力，他就会在感情上感到烦躁，对你产生反感；即使上司满足了你的要求，给你加了薪水或奖金，他也会在心里认为你这个人太现实、太不尊重他了，从此你在他心里就留下一个难以抹去的阴影。因此，在这种情况下，即使你认为自己应得到的是非常合理的，你最好的办法不是不择手段去据"理"力争，而是让上司主动地奖赏你。因为即使勉强争到手了，对你也没什么好处，只会在上司那里留下一个坏印象，让你得不偿失。

的确，在充满商业竞争的社会里，对于一个渴望成功的白领来说，要不去计较，确实是件不容易的事。但你要坚信吃亏是一种投资，是为了长远发展的一种考虑，只有吃得眼前亏，才能得到以后的利。

如果由于你的谦让让团队获得了成功，上司心里肯定有数，同事也会对你更加钦佩，因此，你的个人形象得到了认可，你的个人品牌价值也大大提高，这也就意味着你将来会比别人有更多的机会。所以，严格地讲，你的谦逊并不是真正意义上的"牺牲"，而只是一种隐性投资。因为这种投资是可以回收的，而且比一般投资的回报率要高得多！

所以有句这样的商业俗语说："钓鱼需长线，有赔也有赚。"对于生意场上的得失，一定要站得高，看得远，千万不要"只见锥刀末，不见凿头方"，只顾一时的小利益，而失去长远的大利益，是得不偿失的。

世界上没有白吃的亏，有付出必然有回报，生活中有太多这种事情，如果斤斤计较，往往得不到他人的支持。只有放开度量，从长远的角度思考问题，就会发现，吃亏实际上就是一种商业投入，吃亏就是福呀！所以职场的女性朋友一定要学学杜拉拉，凡事都要看得远一点儿，再远一点儿，把吃亏当作一种隐性投资。这样不仅会给你带来良好的人际关系，还会让别人更加地感激你，从而给你带来更多的回报。

❋ 对同事的不合理要求说"不"

职场中难免会遇到同事向你提出一些要求，如果这个请求与你的工作有关并且是你责无旁贷的，那你该怎么办就怎么办；但如果这个请求虽然与你的工作有关，却不合规定或不合情理，或者根本就与你的工作无关，那么你该怎么做呢？

快下班的时候，吴佩接了一个电话，一听连撒娇带耍赖的语气就知道是阿美，她说："亲爱的，救救我吧，帮我写个方案，客户已经催了好几次了，可是我实在是没有时间啦，你知道杰最近在追我，我也很喜欢他，你帮帮我，就算支持我的爱情啦……周末我请你吃韩国料理！"

阿美是吴佩在公司里最好的朋友，属于那种嘴巴很甜的女人。她这已经不是第一次求助吴佩了，她下班就忙着去约会，常常把做不完的工作推给吴佩。每次，吴佩都想拒绝，可是听到她一句一个亲爱的，那能把人融化的热情，都不知道该怎么开口说"不"。

职场中很多女性的耳朵根软，心肠也软，面对同事的请求，几乎是照单全收，害怕拒绝会给彼此的关系带来不利影响。帮助同事本来是好事，可是面对同事的一些不合理请求，就应该学会拒绝。

办公室里，几乎所有的职员都害怕或者不愿意拒绝同事的请求，因为他们害怕失去良好的人际关系。所以在面对同事不合理请求的时候,常常感到为难,以致每次都心软地接受。

作为好朋友是该相互帮助的,拒绝会不会让自己失去这个朋友呢?办公室里的同事,需要相互帮助的时候很多,在力所能及的情况下,我们帮助同事是非常必要的,这样做也会给我们带来很多的益处,比如良好的人际关系和高效的工作。但也有一些人,会提出一些不合理的请求,那么怎么办呢?

身为职场女性,对于该拒绝的,就一定要拒绝。原则要坚持,处世时方法要灵活,对于不能接受的要求和一些没有必要回答的问题,不要迁就,也不要犹豫,一定要摆明自己的态度,明确拒绝对方。有人也许会选择直接拒绝,这不是一个好的选择,很可能会影响你和同事以后的关系,甚至会得罪同事。那么,怎么样才能做到既拒绝了同事又不伤和气呢?

1. 先倾听,再说"不"

当同事对你说出自己的请求时,我们先不着急说出"不",而应当先认真倾听对方的情况。在同事向你提出请求时,他们心中通常也会有不同程度的不好意思,担心你拒绝,担心给你带来麻烦。因此,在你决定拒绝之前,要注意倾听,请对方把处境与需要讲得更清楚一些,自己才知道如何帮他。然后,应该对他的难处表示理解。

另外,"倾听"能让对方先有被尊重、被接纳的感觉,在你婉转地表明自己拒绝的立场时,也比较能避免伤害他,因为他能在你的倾听中感受到你的真诚。如果你的拒绝是因为工作负荷过重,倾听可以让你清楚地界定对方的要求是不是你分内的工作,而且是否包含在自己目前的重点工作范围内。或许你仔细听了他的情况后,会发现帮助他还有助于提升自己的工作能力。这时候,你可以在不影响自己本职工作的前提下,协助同事完成任务,如此,你在收获工作能力与经验的同时,又能赢得同事的友谊。

即使你帮不了他,但是"倾听"完他的情况之后,作为非当事人,可能会对他的困境看得更清楚,你可以针对他的情况,给他提出比较好的建议。这样,即使你不亲自去帮助对方,对方一样会感激你。

2. 委婉说出"不"

当你倾听之后,认为自己应该拒绝的时候,说"不"的态度必须温和而坚定。即使是炮弹,也应当裹上糖衣。即要委婉拒绝,不要严词拒绝,因为温和的响应总是比情绪化的过度反应要好。

情绪是具有感染性的,严词拒绝会引发他人强烈的负面感受,所以,当你必须要拒绝他人时,就不要再以不友善的言行在情绪上火上浇油。例如,当对方的要求是不合公司规定时,你就要委婉地向他解释自己的工作权限,表示没有权力去做这件事,这违反了公司规定。在自己工作安排已经很满的情况下,要让他清楚自己目前的状况,并暗示他如果帮他这个忙,会耽误自己正在进行的工作。一般来说,同事听你这么说,一定会知难而退,再想其他办法,而不会对你产生其他想法。

3. 以照顾对方的利益为理由

在表示拒绝的时候,要从对方的利益出发来说明自己爱莫能助的理由。从对方的利益考虑,以对方的切身利益为借口,往往更容易说服对方。比如,同事要求你在一个不合理的期限内完成工作,与其说明你如何不可能办到,不如让对方相信这种仓促行事的做法对他而言并没有好处。这样的话,同事不仅不会怀疑你的意图,还会对你产生感激。

4. 事后表示关心

在拒绝之后,对他的情况表示关心,最好能够提出一些建议。有时候拒绝是一个漫长的过程,对方会不定时提出同样的要求。若能化被动为主动地关怀对方,并让对方了解自己的苦衷与立场,可以减少拒绝的尴尬与影响。

当然,在你拒绝同事的时候,除了技巧,更需要发自内心的耐性与关怀,表达友好和善意是我们拒绝时最重要的原则。否则,对方一旦察觉到你在敷衍他,那么,你在同事心中的地位就会下降,你在办公室里的人际关系也会受到伤害。

❀ 正确应对职场的软裁员

在金融危机的影响下,许多企业面临生存困境。"你们公司裁员了吗"便成了当下职场人最常用的一句问候语,在这些"裁员"的故事中,有直截了当的辞退,也有"停薪休假""调动岗位""减少工资"的"软裁员"。

软裁员是很多公司实现节约人力成本,减少员工数量的一种方式,其实质是公司或企业通过某些手段,迫使员工主动辞职,既绕开了《中华人民共和国劳动法》对于裁员企业需支付员工经济补偿金的规定,又使得公司达到裁员的目的。

目前,企业主要通过故意减少员工福利和奖金;以升职、转正,甚至莫名其妙的理由给员工重新制定不可能完成的任务量,使其无法完成业绩;故意调动员工工作岗位,使员工在陌生环境中无法适应,知难而退;企业部门重组,多余人力不予安排工作,让员工主动辞职这四种方式进行软裁员。

现代职场,不管你是管理人员还是普通员工,职业生涯如同人的生命一样,也要不断"投保",只有平时日积月累地"投保",不断提高自己的核心竞争力,将来的身价才能扶摇直上。那么,怎样才能使自己远离从业中的危机呢?

1. 积极进取,善于执行

对于积极进取、善于执行的员工,任何一个老板都难以"忍痛割爱"。这就需要我们平日表现积极,定期向你的老板汇报自己的进修情况,谈谈帮

助公司发展的计划，与公司的同事建立良好的人际关系。这些将绝对比你浪费时间去猜测老板的心思要实用得多，毕竟老板的心思你是猜不透的。而且多数老板喜欢以自己为中心，最喜欢听自己讲话，你只不时地以"嗯""是"等音节来回应他，就可以令老板相信你。给你的老板提意见，甚至批评你的老板绝对是一种不明智的做法，换位思考一下，如果你是老板会花钱请人对你的行为说三道四吗？

2. 学会客观地接受批评

在我们受到别人的批评时，常常不经考虑而立刻为自己所做的事情作出辩护，找借口说明自己是对的。有时还会丧失客观的判断力，而令人觉得不能接受建设性的批评。特别是受到上司的指责时，更会觉得难受。所以，职场女性有必要不断提高自己客观的见解，学会接受批评。否则，你的同事和上司难以和你沟通与和气地倾谈，这对你是不利的。最好的方法是平心静气地听他人说完，分析之后，觉得是对的便先承认过失，这样的态度才会受人尊敬。

3. 做"多能型"员工

在职场上，某些专业人士往往会成为公司裁员的"首选"，这些专业人士之所以最先被裁，原因往往是她们只"专"于某一方面，未能成为公司工作的多面手。老板在裁员之后，往往叫其他职工兼任离职人员的工作，因此，在职场上你要是能够成为对公司最有价值的"多能型"员工就足可"立于不炒之地"。譬如，当会计的不妨学学行政管理，最好还懂法律，令自己成为多面手。如果自以为是专业人士，抱残守缺，不思进取，老板随时可以用一半的价钱雇用同等的"专业"人士顶替你的工作。

4. 安其天下舍我其谁

这并不是说，公司离开你就不能运转了，而是说离开了你，公司会出现不良的运转，这时老板就不能不考虑到裁掉了你可能得不偿失。职业专家建议，如果你在职场上拥有较好的资历和良好的人缘，不妨招兵买马，大量吸收公司的游离分子加入你的小团体中，以巩固你自己在公司中的地位。此招对于一些与营业额挂钩，或者讲究"班底"的行业，诸如酒店业、保险业尤其奏效。从公司的角度看，主管和HR部门一般会考虑你的去留给公司造成的影响。有两种情况，部门将因为你的离去而受损，部门领导就会谨慎；或者你的主管和工作搭档根本就不在意你的离去，那么凶多吉少。

5. 核心人物稳坐泰山

如果你是搞销售的，就应考虑成为核心销售人员。如果手上掌握有不同领域和重量级客户名单，这将使你非常不容易因为公司业务收缩而被裁掉。即使你所服务的企业关门大吉，在重新就业时，你也可以很容易找到新的发挥你销售专长的工作岗位。道理很浅显，在经济整体环境不景气的情况下，销售的重要性越发显得突出。

如果你是技术人员，就应紧跟企业发展，提高业务能力。如果你所在的企业宣布进军电子商务，你要非常清楚这些将对你产生何种影响，现在IT业的裁员有时是一个部门整个因为业务调整而被端掉。要想坐稳你现在的位置，就必须未雨绸缪，事先察觉公司的战略变化，提高业务能力，使自己能够承担除现在本职工作以外的其他工作。

6. 化简为繁消积自保

公司要减员，老板考虑的大前提是，用最少的人力维持正常运转。所以，很多公司会将简单、重复性的工作岗位裁掉，由其他职工兼管。工作任务简单，有可能被裁掉的员工，如果想保住自己的饭碗，不妨试用"化简为繁"的招数。其实工作的简单与繁复，有时可以"因人而异"，如将档案输入电脑，可以很简单，也可以搞得十分复杂，关键在于操作者怎样去处理。

职业专家认为，"化简为繁"这一招只适用于小公司，大公司分工较细，切勿乱试，如果搞得电脑系统乱七八糟，老板会立即解雇你，另请新人来重头做起。

❁ 拒绝男上司的暧昧行为

自古就有"英雄难过美人关"之说。女人长得漂亮绝对不是你的错误，但作为漂亮的女人，在职场上一定要多留点儿心。在职业场合中，女性职员和男上司接触的机会很多。如果你聪慧、出色、敬业，很得他的赏识，这自然是好事。可是，男女之间的关系毕竟是微妙的，如果你遇到男上司的暧昧行为，尤其是他向你发来暧昧信息的时候，你该怎么拒绝呢？聪明的女人要懂得巧妙地拒绝，既不伤对方面子，也给自己留有余地。

萧圆圆在一家外贸公司做销售代理，她聪明能干，人也漂亮，销售业绩节节攀升，因此大受顶头上司、销售部经理王伟鹏的青睐。

那天，萧圆圆遇到了一个要求苛刻的大客户，谈判的时候，由于对方压价太狠，使得谈判一下子陷入了僵局。萧圆圆的性格是绝不轻言放弃，中午休息的时候，她一遍又一遍地研究对方的资料，挖掘对方的弱点，用自己的认真和敬业来感化对方。

整整花了一周的时间，萧圆圆终于和这位客户达成了协议，拿到了一份数额巨大的订单。下午下班的时候，王伟鹏找到她要庆贺她的成功，请她吃晚饭。

萧圆圆心里被订单的喜悦充满了，也就一扫往日的矜持，毫不犹豫地答应了。她本来以为还会有其他同事呢，吃饭的时候，才发现就他们两个人。萧圆圆有点儿尴尬，但是也没多想，两人聊了很多，她第一次发现经理还是个非常幽默的人，总是能把她逗得大笑。

吃过饭，王伟鹏说天还早，邀她去跳舞，她推辞了一下，也就答应了。那个晚上，他们玩得很愉快。

但是，后来，王伟鹏便经常请萧圆圆吃饭、泡酒吧、打保龄球、桌球、壁球，多半是借口庆祝萧圆圆的出色表现和业绩。有时萧圆圆并不想去，但看到他那诚恳的眼神，又想想他是自己的上级，萧圆圆不好意思拒绝。而王伟鹏每次出差都为她带回些别致的小礼物，这当然逃不过外人的眼睛。

时间久了，萧圆圆便发现背后有人指指点点了，私下里议论她和上司之间的关系不简单。这其中不乏对萧圆圆的出色表现心怀妒忌者。王伟鹏听后淡淡一笑，萧圆圆却苦恼不已。相恋三年的男友听到传闻后也对她怀疑不已，再加上萧圆圆由于工作忙，经常不得不推掉与他的约会，他揣测好强的萧圆圆一定是利用了上司才做出那么骄人的成绩的，任凭萧圆圆怎么解释都没有用，于是两人大吵了一架，不欢而散。

聪明的女人懂得在办公室生存要懂得变通，更要坚守一定的原则。工作中应该学会服从上司的安排，但其他方面更要学会以诚相待，不卑不亢，该拒绝的时候就拒绝。其实，拒绝上司并非一定是坏事，许多时候能让上司发现你的成熟矜持和个人的尊严，让他对你产生敬重，也有助于抬高你在他心中的地位。

只是拒绝的时候，要委婉一点儿，懂得给他留面子。俗话说："爱美之心，人皆有之。"你长得年轻漂亮，别人想跟你亲近，不能一概斥之为"好色之徒"。不妨给他戴一顶高帽子，迫使其打消邪念。比如，我们可在谈话中先恭维对方，给其一个响亮的称呼，从而使对方于盛名之下难以胡作非为。还有就是你可以找借口说，今天身体不舒服，或者已经约了朋友。如果

你实在没有勇气拒绝他的邀请,那么还有一招:拉上朋友、同事,或者,你可以坦诚地和他谈一谈,说说这种交往带给你的烦恼,如果他真的没有非分之想,相信他会理解你,并为你考虑的。而如果他的确是心怀不轨,你就更应该义正词严地拒绝了,千万不能为此丢了工作,又丢了名誉。

Chapter 7

恋爱时不折腾，结婚后不动摇
——破解女人幸福一生的密码

❀ 优雅亮丽，穿出女人风采

有句广告经典名句说"女性主义就是败在'爱情'和'衣服'这两件事上"的，相信大部分人都有着深刻的体会和认同，那些即使是为了捍卫理念而走上街头激进抗争的女性主义者，也难免会碰上"衣橱里永远少一件衣服"的烦恼！

有趣的是，当全世界女人都在为那"永远少一件"的衣服而努力败家时，法国女人就是有办法成为每年全欧洲服饰和化妆品消费最少的族群。她们花的钱虽然少，打扮起来却永远那么优雅、美丽、有品位，甚至成为全世界的时尚指标。她们并非个个都有苏菲·玛索或凯萨琳·泽塔·琼斯的姣好容颜、魔鬼身材，可是她们几乎都懂得透过服装造型呈现出自己最好、最美的一面，关键就在，少即是多，用智慧打扮自己。

在高雅的品位和有限的金钱之间取得平衡，的确需要智慧——了解自己的智慧、选择服饰的智慧、富含美学素养的搭配智慧、衣橱管理的智慧。并且，这种美丽的智慧绝对是可以、也需要学习的！美国一位世界知名形象顾问说：如果一个人想成为上流社会的一分子，在穿着方面若是不通过学习，而采取耳濡目染的方式，那么，至少要用十年的时间才有办法穿得像上流社会人士。我们不一定有机会可以长期和上流社会的人朝夕相处，这辈子如果想穿出品位，最快速的方法就是通过"学习"！

女人做事往往凭直觉，购衣、穿衣更是如此，只是之后总是免不了后悔。在漂亮衣服面前，冷静的判断、理智的分析可是很重要的。一般来说，穿衣有三层境界：第一层是和谐；第二层是美感；第三层是个性。

1. 穿着和谐

在购买服装时你可以根据下面三个标准选择，不符合其中任何一个都不要掏出钱包：

（1）你喜欢的！

（2）你适合的！衣服和丈夫一样，适合自己的就是最好的。

（3）注重品牌的"度"要掌握好，否则很容易会让你忽视了内在的东西。

即使你的衣服不是每天都洗，但也要在条件许可的情况下争取每天都更换一下，一周轮流穿着两套衣服比一套衣服连着穿三天会更让人觉得你整洁、有条理。

另外，一件品质精良的白衬衫是你衣橱中不能缺少的，没有任何衣饰比它更加能够千变万化。每个季节都会有新的流行元素出台，不要盲目跟风，这样反而容易失去自己的风格。购买服装关键是购买经典款式的衣饰，耐穿、耐看，同时加入一些潮流元素，不至于太显沉闷。

2. 体验美感

衣服给予女人很多种曲线，其中最美的依然是S形，可以衬托出女性苗条、修长的身段，女人味儿十足。

女人应该多花些时间和精力在服装的搭配上，这样不仅能让你以十件衣服穿出二十款搭配，而且还能锻炼出你的审美品位。比如，选择一件精良材质的保暖外套，里面穿上轻薄的毛衣或衬衫，这样的国际化着装原则将会越来越流行。

优雅的衣着有着温柔的味道，但对于成熟的都市女子来说，最根本的还是要保持高贵和冷静。黑色是都市永远的流行色，但是如果你的脸色不是太好则最好避免，加入灰色的彩色既亮丽又不会太跳，不挑人是合适的选择。

其实每一个人都有自己的颜色，有与自身肤色相生或相克的色彩。所以，找到属于自己的颜色去打扮，你就会美丽非凡。事实上也的确如此，生

活中同一个人，搭配某些颜色足可让她光彩照人，而有的颜色却让她显得面目无光、疲惫不堪。由此可见，不同的颜色适合不同的人，色彩与人之间有着微妙的关联。

但在实际生活当中，大多数女性所关注的是服饰之间的色彩搭配是否适宜，却忽略了自身肤色与服饰之间的色彩搭配问题。衣饰配衬得再合宜，倘若与肤色不和谐，效果也不会好。因此，女人要找到属于自己的颜色，从而选择适合自己肤色的服饰和妆容色彩，这样才能让你看起来清新亮丽、活力四溢。寻找适合自己肤色的色彩，一定要注意，服装是穿在自己身上的，而不是穿在白色或黑色的模特衣架上的那种效果。

3. 穿出个性

时尚发展到今日，其成熟已经体现为完美的搭配而非单件的精彩。重视配饰，衣服仅仅是第一步，在预算中留出配饰的空间。逐步建立自己的审美方向和色彩体系，不要让衣橱成为色彩王国，选择黑、白、米色等基础色作为日常着装的主色调，而在饰品上活跃色彩，有助于建立自己的着装风格，给人留下深刻的印象。

❀ 培养自己独特的魅力

我们在闲聊的时候经常会谈论到某个女人很有魅力，尽管不是很漂亮，但是却非常吸引人。到底是什么样的女性魅力让人着迷呢？其实这种女性魅力就是男性眼里的女人形象。当和有魅力的女性在一起的时候，无论是言谈还是举止，都大方得体、恰到好处，和她在一起工作或是聊天都会感觉轻松舒服，甚至会有一种说不出的吸引力，让人忍不住想多看几眼，多待一会儿。能给人这种感觉的女人，她的女性魅力是十足的。

在谈到女性所散发的魅力时，一定离不开以下四个关键词。

气质：一个人的真正魅力主要在于特有的气质，这种气质不论对同性还是异性都有吸引力，这是一种内在的人格魅力。气质对于女人来说是一种永恒的诱惑，因为气质不仅仅靠外貌就能获得，而且还要拥有智慧与常识。在现实生活当中，几乎所有的男人都喜欢与有气质的女人相处，因为这种女人使你既有视觉上的好感，还有一种吸引人的特别力量，能不断地感染你，使你羡慕。

风度：风度往往使人拥有某种神奇的光环，现代女性对高雅风度的追求，体现了她们把握自身风姿、格调的一种高超的控制能力。风度之美，贵在自然。"清水出芙蓉，天然去雕饰"便突出地表现了这一审美观点。

母性关怀：是让在一起的人、特别是男人感觉有一种温情享受。在她夹菜过来的瞬间，可以享受到无限温情，享受到了一种很母性的情感。

独特的品位：新时代的女性审美观，强调的是个性与自信。所以，如何

由内至外穿戴出属于自己的独特品位，展现个人的风采与魅力，并在举手投足之间牢牢地吸引众人的目光，是身为现代女性必修的内外美学。

有人说有魅力的女人就是漂亮的女人，实际上这样的看法是很浮浅、很片面的，现实中我们碰到的有魅力的女人不一定都是很漂亮的。实际上每个女人都有自己的优势和特点，如果能将这些优势和特点发挥得恰到好处、收放自如，就能形成与众不同的魅力。

怎样才能修身养性培养自己独特的魅力，成为一个完美精致的女人呢？

1. 学会温柔

温柔是女人最动人的特征之一。她可能不是都市白领，她的学历可以不那么高，她的厨艺也不怎么好，她也许很笨拙，她的长相也许很一般，总之，她绝对不能算上是十全十美的俏佳人；但她很温柔，说起话来"细声柔语"，足以让男人顷刻陶醉。女人存在的理由就是她具有男人所缺乏的温柔。温柔是从女人的骨子里散发出来的一种独特的气质，是作为妻子和母亲的女人不可缺少的一种基本资质和品性。

女人的温柔是一种足以让男人一见钟情的魅力。在男人眼中，女人的这一特点比所有特点都要可爱。温柔的女人走到哪里，都会受到人们的欢迎，颇得众人的目光。

2. 少发牢骚，学会宽容

爱发牢骚的人，心态一定不好，容易急躁上火，而且婆婆妈妈，让别人反感；在单位会费力不讨好；在家里容易和家人生气；还容易长表情皱纹。所以，不要对什么事都看不惯，特别是在他人背后一定不要去说三道四，学会宽容一些。有句话说得好："忍一时风平浪静，退一步海阔天空。"

学会宽容是一个女人成熟的标志。宽容的人常常表现出勇于承担责任的作风，如果肯检验一下自己，就可以从失败和差错中找到自己所应负的责任。处处宽容别人，绝不是代表软弱，绝不是面对现实的无可奈何。在短暂的生命历程中，学会宽容，意味着你的心情更加快乐，宽容可谓女人一生中最有魅力的财富。

3. 锻炼审美观和培养艺术气质

女人最重要的一条，就是由内而外散发出的文化气质。一个完美的女人，仅仅拥有外表上的华丽和高贵是远远不够的，也是很浮浅的，还需要坚实丰富的内涵，这就是良好的文化修养。有时间时，女性一定要多看点儿有关"时尚""品位""流行"话题的杂志和电视节目，了解一些有关色彩的知识，感受一下色彩给我们生活带来的乐趣；了解一些流行趋势；多听点儿流行歌曲和古典音乐，这些对提升自己的审美观和培养艺术气质会有好处，也可以提高自己看待生活、看待事物的眼光和品位。

4. 打扮精致得体，学会自我欣赏

习惯根据场合的不同化点儿淡妆，会使用香水，精致得体的装扮，优雅的举止，丰富的见识，谦逊温和的面部表情，这些无一不透出女人高贵的气质和个人魅力。精致的打扮不一定就非要穿戴名牌，价格也不是唯一决定装扮是否精致的标准。不用花太多的钱，却把自己装扮得入时年轻，而且恰到好处。

能正确自我欣赏的女人，她们聪明灵慧，出类拔萃，既不会盲目自卑，更不会盲目自大。自我欣赏绝不是自恋，其是由理智、客观地对自己的认识引发出来的自信。而这种自信心会使女人在为人处世上从容、大度，不陷入世俗的旋涡中。

5. 做个善良的女人

作为一个女人，即使你长得不漂亮，即使你是孤独的，即使你受过伤，都应心存善良。有一个人生哲理说：女人不是因为外表美丽才可爱，而是有着善良的内心才最美丽。因为，心存善良你就会以他人之乐为乐，心存善良，就会光明磊落，乐于对别人敞开心扉，心中自有轻松之感。善良的女人不会轻易怨天尤人，善良的女人也不会牢骚满腹，善良的女人懂得善解人意，在体贴关心别人的同时自己也心安理得，善良的女人对家人、对朋友都懂得包容。时光流逝，每个女人都会容颜老去，但是，只要心存善良，你就魅力永存，会一生受人敬重。

6. 做一个快乐的女人

漂亮能干的女人固然好,但真正能够打动人心的还是快乐的女人。观察我们周围许许多多的女人,漂亮能干的有不少,但她们中间很少有生活得十分快乐的,不是对生活的不满,便是在追求许多东西的过程中丢失了很多快乐。

快乐的女人知道怎样热爱生活,知道怎样让生命更有意义地度过,她容易知足。现实生活中,充满欲望的女人很多,欲望太多的女人是不会快乐的!

这几点内容全部做到,而且可以做得收放自如是不容易的。但是我们可以做到一半,这样也能为自己增加不少魅力。如果你认为自己基本都可以做到了,而且还有过之,那恭喜你,因为你现在已经将自己修炼成女人中的精品,女人中的女人,一个魅力十足的女人了。

❀ 要想钓到鱼,就得懂得鱼的思维

要想获得男人的喜欢,就得知道他们的思维。聪明的女人懂得利用男性的思维思考问题,让自己成为能够吸引异性眼球的女人。现在,我们就来看看那些让男人们心醉着迷的女人的招数吧!

1. 逃跑型:让他追得有成就感

心理学领域有个"妈妈N激情综合征":可靠+乏味+妈妈=不来电;难以捉摸+善变+激情=迸发爱的激情。感情上的事,从来就是一个愿打一个愿挨。不过,女性要记得千万不要善变到令他反感乃至绝望的地步,这其中的尺寸拿捏也是很有学问的。

也许有人会说,如此恋爱简直是找罪受啊!可是男人们却不会这么想,他们甚至认为这样的恋爱谈起来才过瘾。《飘》中的主要人物郝思嘉就是一个风情万种的女人,她能不费吹灰之力就让众多男子拜倒在她的石榴裙下,但她根本无视他们的存在,甚至连正眼都不愿看一下。但男人对这样的女人趋之若鹜,常常使好女人恨得牙痒痒的,却一点儿办法也没有。

2. 敢爱敢恨型:让男人心醉神迷

托尔斯泰笔下的安娜·卡列妮娜是一个典型的"坏"女人。说她"坏",是因为她作为一个有夫之妇和孩子的母亲再去爱上一个小伙子渥伦斯基,成了背叛家庭大逆不道的女人。安娜之所以令渥伦斯基神魂颠

倒,就在于她敢爱敢恨,为了体现女人的爱的价值,她不顾一切,冲破当时种种宗法礼教的禁锢和樊篱,在渥伦斯基面前不断散发诱惑并真诚执着地将这种诱惑兑现成无畏的爱。从人性角度讲,尽管安娜背叛家庭,但她本质地体现了女人的美:妩媚而不失真挚,渴望而不乏优雅。虽然她给你带来许多烦恼,却更多给你的是不掺杂质的爱与不回头的奉献。

在我们的现实生活中仍不乏安娜这样的女人。她们一旦找到爱的感觉,就不顾一切地直奔主题,以她们的气质与身心去俘虏男人,从男人那里寻找女人的价值。这样的女人有爱骨,有力度,也有刺激。同时,这样的女人一般不会轻易动情,她们往往靠第六感觉来感悟爱,她们在跟大多数男人打交道并且面对男人的种种诱惑进攻时,会依据本能拒绝不是爱的爱。然而一旦碰到了她认为是爱的爱,平素埋藏、积蓄心底的爱就如地下岩浆似的不可遏止地喷发出来,哪个男人能抵挡得住这种由柔情、激情、痴情汇成的爱流呢?

3. 玩伎俩型:令男人愿打愿挨,难舍难分

曾经轰动一时的电视连续剧《过把瘾》中的女主角杜梅,就是这样一个在爱情上喜欢动点儿心思的女人。她邀请心爱的男友去舞厅跳舞,当男友征询她同意后被前女友邀进舞池跳舞时,她的爱意一下转变成醋意,于是便邀一位陌生男人跳舞,并故意显得很亲热的样子。想以此刺激报复自己的男友,不料男友未被刺激。她自己倒先受刺激,临阵一气之下走人,吓得男友好一阵寻找。

一般稍微聪敏一点儿的男人,大抵能识破或洞穿女人的这种可爱的"小伎俩"。说她可爱,是因为女人在你面前卖弄千种风情,耍尽百样伎俩都是为了一个目的,即看看你是不是真爱她。深入这一目的,问题就清楚了,即她深爱着你。正是源于这点,这种女人才会乐此不疲地通过无数的生活细节,无数的话语、神态、姿势等来惹你时时刻刻地关注她,以此达到彼此交

流的目的。这个过程本身，往往就是男人落入女人怀抱的滑梯，也是女人吸引男人的磁场，是"坏"女人之所以动人的杠杆。因为，这种女人懂得如何调动男人的"追求欲"。

4. 装出不快乐也让人跟着难过型：令男人同情爱抚，欲罢不能

"女人的名字叫弱者"，在生活中男人多是以强者的姿态出现在女人的面前。于是就有了这样一种"坏"女人，把自己"弱者"的形象推到极致，你男人不是强者吗，我就是只楚楚可怜的小鸟，用这种手法来博取强者男人的抚慰与呵护。

在我们周围，经常也可碰到这种女人，她们遇到"帅哥"或心仪的男人，会说："你的眼睛里怎么会有我这种人啊！""像我这样不起眼的女人谁会请我喝咖啡、泡酒吧？"如此等等，尽量把自己说得可怜兮兮，从而装扮成一个柔之又柔、弱之又弱、哀之又哀的女人，以期激发男人天生的好奇心、同情心与充当"护花使者"的虚荣心，这种激将法的诱导往往极易使男人上心。比如，开始你出于好奇心请了她第一次，就会有第二次、第三次……然后他听你柔情似水地倾诉哀怨一番，便又在同情心的驱使下帮助你赶走孤寂。等到你不孤寂了，他也差不多成了你忠实的"护花使者"了。

这种女人以"守"为攻，以柔克刚，符合女人"守"的本性。她们把"柔"的情意和"弱"的形态全抛掷在你面前。你是男人你就得有绅士风度，见"弱"不"扶"，见"柔"不"软"，还叫男人吗？而她们这种以守为"攻"的方式又是极其曲折隐晦的，比如她在你面前很孤单，却又与你保持相对距离；她在你面前示弱，却又往往推却你的急功近利的热情。这些就给男人制造了想象空间，她们的动人之处也就藏在这个空间里。

❀ 要仔细辨别男人的誓言

"也许承诺不过证明没把握。"这是莫文蔚的歌曲《盛夏的果实》中的一句,揭示了一个非常平常的现象。在感情中,有的男人非常擅长制造承诺,让女人相信他们,因为他们知道,女人十分注重感情的安全性,总是希望在感情中找到安全感。既然女人有这种需要,而且随口说出的承诺又不需要花钱,所以很多时候男人很轻易地就向女人许下承诺了。

正如这句歌词里说的,如果他善于给你承诺,是因为他自己对感情没有把握。如果他说你是他这一生最深爱的(唯一)人,那说明他知道这是最有效的哄你开心的方法。如果他失约,给了你若干理由,那么你对此大可不必斤斤计较,一笑而过即可。因为承诺只不过是口头上的协议,口头协议是不可靠的。当爱失去时,承诺只是一张白纸,只是一个不负责任却又令人心动的"谎言"。真正的爱就算没有承诺也可以长久!

聪明的男人懂得如何许下诺言。他们对女人的诺言是:"我从来不会对任何一个女人许下诺言。"在这个时候,女人不但没有因此发怒,反而觉得这个男人坦诚、不虚伪。于是女人更用心爱他,希望男人单单为她一个人而改变。

在这个时候,女人会认为男人是爱她的,因为他肯为了她许下诺言。然而,真的是这样吗?他许下的诺言真的会兑现吗?其实,他的诺言只不过是出自一时的心情,不管他说得多么信誓旦旦,那只不过是哄女人开心的手段罢了。

不要被男人对你的愧疚心存感动。因为按心理深层因素分析,当他对你有愧疚感的时候,通常已经在潜意识里开始排斥你了。如果你给你男友打电话遇到占线(不接)、不回、关机(不在服务区)等情况时,完全没有必要打第二次。因为破坏人家的欢乐时光实在是件不好的事情,关键是让你自己很没面子。

男人说喜欢你,不代表他爱你;男人说爱你,不代表他会娶你;男人说要和你结婚,不代表他会对你好一辈子。总之,对于男人所说的话,千万要筛选过后才能相信,否则吃亏的绝对是你。

因为对于承诺,男人总是非常慷慨。男人许下的承诺不计其数,然而兑现的却寥寥无几。男人知道,女人的爱情离不开承诺,一个女人会守着一个承诺毫无吝惜地付出,所以男人会动情地许下各式各样的诺言。面对相爱的女人,他说:"无论将来发生什么,我答应你,我会一直照顾你、保护你、爱你,一直到老。"对着那个不爱他,他却深爱着的女人,男人抱着受伤的心,凄然地说:"无论将来发生什么,无论你跟谁在一起,我会一直照顾你、保护你,为你做任何事。如果有人欺负你,我绝不会放过他!因为你是我今生的最爱。"

男人的承诺是多么动听,多么震撼人心,他们知道,需要实践这些承诺的机会很少。女人也明白,不爱一个男人,就不会要求他履行承诺。所以,一个失败者的承诺,只是想令女人心酸,期望她被感动,期望她回心转意,或者记挂着他。时日渐远,女人没有忘记这个可怜男人的承诺,男人本身却忘记了,就像当时男人脸上的眼泪,很快就被风干了。所以如果你对男人没有过多的了解,不要轻易地去以身试法,相信男人的承诺,否则带给你的只能是无尽的伤痛。

❀ 别太在乎他的前尘往事

有人说，婚前要把眼睛睁大，婚后只需睁一只眼闭一只眼。所谓的闭一只眼睛，大概就是对事情不要太过较真。任何事情都有它的模糊地带，男女相处也不例外，太较真，太过于计较以前的事情，只能让你们之间的关系产生裂缝。但是好多女性却并不这样，她们喜欢对男人的每件事情都了解得清清楚楚，最后闹得自己不愉快。

男人和女人可能都会有"过去"，特别是在感情方面，总要有一些个人的隐私。每个人的心灵空间也不可能全部对你开放。作为男女双方来讲，都不要触及对方的过去，这点分寸要把握好，彼此之间要无条件地信任。过去的就让它过去吧，有些事情不知道要比知道好，不知道也不想去知道这或许是最好的结果。我们所要做的是要成熟一点儿，大度一点儿，不要总是斤斤计较。这样的女人是很有魅力的。聪明的女人总是善于在适当的时候让对方感觉自己的成熟与气度，这样才会人见人爱。

有这样一个例子：一个女孩与男朋友在热恋中，无意在电脑里发现男友前任女友的照片，于是便紧紧抓住男友的"过去"不放，并对其恶语相向，攻击讽刺其过去的女友，这让男友觉得很没面子，最终不堪忍受，与女孩分道扬镳，女孩也失去了她最爱的人。

女人为什么要问男人的过去？也许女人都有一点儿好奇心，就是窥探他人曾经的过去，试图从中找到一些隐私。这是女人吃醋的一种表现，忌妒心

Chapter 7 恋爱时不折腾，结婚后不动摇
——破解女人幸福一生的密码

是女性"专利品"，首先说明她比较爱这个男人，在乎这个男人。其次说明了她的不自信。再次说明独占欲太强烈。对于目前占有"他"的状态，她仍然不满足，心里还认为——对过去的他也应该独占，想永久地占有对方。

男人，都希望做女人的第一个男人。女人，都想当男人的最后一个女人。女人，虽然想做男人的"感情终结者"，然而很矛盾的是，她们会像考古学家一样好奇，对男人过去的罗曼史永远有着难以言喻的探索兴趣。当女人柔声细语地说："亲爱的，我不希望我们之间有任何秘密。"她真正的意思是：她可以不对你坦白，但你对她绝不能有所隐瞒，快把你从小到大接触过女性的经验都巨细无遗地供出来，小至念幼稚园时偷掀隔壁班女生的裙子，大到约会两次就被甩掉的丢脸事都得据实以告，别想逃开她的法眼。

她指天起誓："我绝对不会生气，因为那都是过去的事了。"她话中的意思是，如果你的过去像白纸般纯洁，她就不会生气。

她说："只要你坦白告诉我就没事，我最痛恨人家骗我了。"坦白从宽，抗拒从严！问题是招认过后，你才恍然明白，她的"没事"原来说的是"霉事"——你要倒大霉啦！

小静非常喜欢自己的男友，他英俊、时尚、体贴，人缘又好。所以，小静总是很担心哪天会突然跳出一个女人来把男友抢走。

有一次，男友打完篮球比赛以后，小静看到一个女孩走过去递给他一瓶水。小静很伤心，男友解释说："那只是我以前的同学而已。"小静不相信，继续追问。男友无奈地承认："其实，她是我的前女友，我们交往了一段时间，但两人都发现对方不适合自己，还是做朋友比较好。"结果，小静更加生气了，她醋意十足地说："既然是前女友，那你们的感情一定比咱们俩的深吧？我是多余的，我该走！"男友连忙辩解："现在我有你就知足了，和其他的女孩已经不可能了。我们真的没什么了。"任凭男友百般解释，小静始终不肯原谅他。

有朋友劝小静说："你男友对你是真诚的，他从来没有和哪一个女孩有

过度的亲密动作的,是你多想了。"而小静则非常委屈地说:"我有什么错啊?谁让他过去有过女朋友呢?都是他不好!"

过了一段时间,两人终于又和好如初了。男友以为没有什么事情了,但谁知道,小静常常没有理由地生他的气,她总是一边哭,一边责备男友对自己不够真诚。男友感到委屈极了,慢慢地变得整天沉默寡言、垂头丧气。

比起男人来,女人无疑是更热衷于翻旧账的,这一方面"得益"于女人的形象记忆,对于具体的事物,女人比男人更能记住具体的细节,那些鸡毛蒜皮的小事,在女人的记忆中,更清晰、更生动,于是更容易信手拈来做论据;另一方面,女人的思维特点是星网状的,发散开来枝枝蔓蔓,总是能将很多男人看来不相干的事情勾连起来,让以逻辑思维见长的男人们不知所措。

有一位太太意外地发现丈夫在外边有一个情人。为此太太极为愤怒,大闹特闹、痛哭流涕。丈夫对此十分内疚,便和情人分手了,并向太太表示以后再也不会见异思迁。可是太太却始终不肯原谅丈夫。每次见到丈夫,她总是一边哭,一边责备,搞得丈夫整天沉默寡言、垂头丧气。太太的非难总是没完没了,丈夫感到委屈万分。有人劝这位太太说:"你丈夫确实不对,但你难道就没有一点儿需要反省的地方吗?"这位太太听后非常诧异地说:"我有哪里不好?是他背叛了我,都是他不好!"

这位太太从来没有想过自己的过失,比如对丈夫不够温柔体贴;不和丈夫交流感情;家中一有什么事情没处理好,总觉得是丈夫的责任,等等。丈夫的婚外情这件事,在旁人看来,丈夫已经认了错而且已经悔改,就应该原谅他,但这位太太总是不依不饶,时时埋怨对方,那么即使丈夫不见异思迁,他们也不能幸福和谐地生活下去。

女人总喜欢翻翻男人的旧账,拿陈芝麻烂谷子的事做证据。这样做,不但无助于解决眼下的矛盾,而且还容易把问题复杂化,新账旧账纠缠在一起，加深怨恨。恋人争吵最好就事论事，不前挂后连，这样处理问题，才容易化解两人的冲突。

感情正如手中的沙子一样，你抓得越紧它就漏得越多。要正确把握感情的松紧度，适当的放松也是为了更好地拥有。要知道男人是风筝，飞的高低，线是在自己手中掌控的，该放就放，该收就收。而不能像蛇一样，把他紧紧地缠得动弹不得，没有一点儿自由，直至窒息。一份完美的爱情，要靠互相尊重和理解。

不要总是回顾过去，不要总是追问对方以前有没有谈过恋爱，有没有交过女朋友，追问这些其实一点儿意义都没有，知道他谈过或没谈过，那又怎么样呢？最好不要在他那未愈合的感情伤口上再撒盐。好好地珍惜现在岂不是更好？给对方一点儿空间，也让自己心情舒畅，整天胡思乱想会老得更快，更会伤害两人之间的感情。聪明的女人要想彼此间的感情更好，那么就不要太在意男人的"过去"，好好珍惜现在所拥有的！

❀ 多给男人留些面子

　　对于有的男人而言，他可以忍受自己别的地方受到任何伤害，唯独不可以忍受自己的面子受到伤害。所谓"死要面子活受罪"，往往指的就是这种男人。在他们内心里的原则就是头可断，血可流，面子可不能丢。

　　古代的西方，男人们常常与人进行决斗，甚至不惜付出生命的代价。这表面上看去大多是为了女性，实际上则多半是为了自己的面子。

　　所以女人要学会了解他们的这种心理，掌控男人的这个持质。在该给他面子的时候，一定要给足，这样的女人不仅能赢得男人的宠爱，也能营造和谐的夫妻关系。女人总是喜欢自己的丈夫对自己唯命是从，认为那是他爱自己的证明，于是很多男人都患上了"妻管严"。但是聪明的女人也应该明白，男人怕你是因为爱你，但是他爱你并不代表他不在乎他的面子，如果你在他的朋友面前肆无忌惮地教训他，让他下不了台，让他丢足了面子，真是犯了说话的大忌。这样的女人，怎么能得到自己丈夫的爱呢？所以你要记住，"妻管严"只适合在没人的场合，在只有你和他的场合。

　　男人向来都是视面子如生命，即使那些在家里毫无地位的人，一旦站在他人面前，都要充当男子汉。没有哪个男人会说自己在家里事事都要听妻子的，那样会有损他做男人的尊严。但是，在现实生活中，有些当妻子的并不了解男人的这种心理，有时候，不自觉地就把只有两个人在场时的威风也拿到大庭广众中来，以显示自己对丈夫的管束权威，自以为得意，其实适得其反。这样做的结果要么会使他感到很狼狈,威信扫地,以致成为交际场合中被人戏弄的对象;要么会引来他的反感,或者抵抗,甚至成为家庭矛盾的导火索。总之,不管哪一种情况,结果都是不好的。

任何人都不希望自己的面子受损,男人在这方面的特点更是鲜明,尤其是男人更不希望羞辱自己的那个人就是自己的妻子。因为在爱人面前,男性的自尊往往显得最为强烈,你对他恶语相向,比其他的杀伤力要大得多。

在许多方面,给丈夫留点儿面子,是女人的美德,也是女人的智慧。不管家庭生活怎么样,在经济上都不要让丈夫成为一个"无产阶级"。生活中,不要总是遥控丈夫,就像侦探一样。生活在一起难免有磕磕碰碰,在争吵的时候,也不要惊扰四邻,因为常言说得好,家丑不可外扬。尤其是在朋友面前或者公众场合,女人说话一定要注意自己丈夫的面子问题,相信给他留三分面子,他会还你六分感激,九分尊重,十二分的喜爱!

聪明妻子都懂得给丈夫留点儿面子,曾看到这样一则笑话:

有一天,一位男士对着他人吹牛,说自己在家里是绝对的一把手,自己说什么老婆都得听。"她老实得跟猫似的。"他还比喻说,"在家里,我是老虎!"正说到这儿,有人拍他的肩膀,他转身一看,脸刷地变白了。原来他老婆不知道什么时候来了,正站在他的背后,怒目以视。他知道自己闯了祸,浑身不自在。只见妻子瞪着他问道:"刚才你说什么?你是老虎?那,我是什么?"丈夫十分难堪地说:"我是老虎,你是武松啊!"老婆这才满意了:"这还差不多!"在场的人们哄堂大笑起来。这个怕老婆的家伙已经是满脸窘色,脸羞得像一块红布。

有哪个男人会宠爱一个从来不知道给自己一点儿面子的女人呢?如果你是聪明的女人,就要记住当众蔑视丈夫的做法并非上策,那是一件再愚蠢不过的行为。聪明的女人懂得在什么场合、在什么时候应该给丈夫一点儿面子,把握这种分寸可以说是一种艺术。

聪明的女人懂得在有客人在场的时候，给足丈夫面子。而有些妻子却没有这么聪明，她们习惯了对丈夫颐指气使，结果严重损害了丈夫的自尊心。比如，有的女人会当着客人的面支使丈夫说："去，把我的衣服拿来！"这就把丈夫搞得很为难：不拿吧，怕得罪妻子，因为平时妻子就是这样支使自己的；去拿吧，在客人面前显然有些丢面子。把他置于左右为难的尴尬境地。聪明的妻子则不会这样做。即使她们平时已经养成了支使丈夫的习惯，但是，只要有人在场她们就会为丈夫的面子着想，自觉做出平等相处、互敬互爱的样子。哪怕是为了给人看也是有益的，丈夫会因为你给他留了面子，而更加爱你。此外，做妻子的在当着客人的面说话时，千万不可严词反驳自己丈夫的观点，揭他们的短，把他们搞得很狼狈。

我们常能看到男人时时处处都在捍卫自己的面子，谁能想象到男人失去面子以后会怎么样呢？所以，女人应该明白，要给男人留面子，尤其是有外人在场的时候，更要做到尽善尽美。

所以聪明的女人要做到两点：一、千万不能在有第三人的场合批评你的男人，切记切记，哪怕他错得多么离谱。其实男人很多时候在他爱的女人面前像个孩子，他有时候想做老子，有时候又想做儿子。他要是真错了，你等回到家里，慢慢地再教训他，他多半就不敢再和你斗，不过你别指望他在你面前说他错了，男人的面子决定了他永远不会在女人面前说错了。他不是小学生，只要他在你的劈头盖脸的教训中保持沉默就说明他已经承认错误了。你得学会保持适度，既要让他知道你的厉害，也得给他保住面子。二、我们不仅不能损伤他的面子，还得利用他要面子的这个弱点，要经常在人前人后夸赞他们。再说你的男人有用，你不是也很有面子吗？你不用担心你说过他们的好话不会传到他们的耳朵里面。

所以，一定要懂得给男人留面子，在人群中，懂得"沉默是金，聆听是银"的道理。可以说，在婚姻生活中，更多时候，因为不给男人留面子而导致感情无法挽回的事情是经常发生的。在男人的世界里，假使让爱情和他们的自尊相抗衡，他们往往会选择后者。

❋ 如何赢得成功男人的爱情

著名的哲学家尼采曾经说过：对男人，连最甜的女人也是苦的。如今这话对女人也开始适用。如我们所知，愈来愈多的女人在对成功男人的爱情中尝到了甜中的苦涩。而如何挑战成功男人的爱情，更是这些女人急不可待的智慧。

俗话说，知己知彼，百战不殆。让我们从成功男人的特点谈起。

1. 成功男人的特点

（1）目标。心理学家告诉我们，男人是目标动物。而但凡成功的男人，更会有自己的目标。目标是成功的先导，也是成功的动力。但同时，怀有目标的男人也会有过分理智的弊端。

若你爱上了一个成功男人，你在爱上他的成功时，也要接受他的理智。你要明白，即使他非常爱你，作为女人，你也不可能成为他永久的目标，一旦你被攻克，他又会恢复先前的理智，并准备在他成功的起点上更上一层楼。

（2）毅力。爱迪生说，成功的要素不在人的智慧，而在人的毅力。一个成功男人更是如此。毅力是持之以恒的决心加上百分之二百的专注。唯其如此，一个成功男人在奋斗之余才需要更多的释放和更大的轻松。

若你爱上了一个成功男人，勿忘：轻松对于普通男人或许是女人的技巧，对一个成功男人则是女人必备的礼物。

（3）进取。俗话说，人往高处走，水往低处流。对普通男人，进取或许是天性；对一个成功男人，进取则是胜于天性的自觉能动。然而，一个自觉进取的男人可能有着大于一般人的可变性。若你爱上了一个成功男人，你先要不断进取。

（4）孤独。通常，孤独是奋斗的原因，也是奋斗的动力。唯有经过孤独的过滤，人才能挖掘出自己最优秀的潜能。所以，一个成功男人，必是一个耐得住孤独的战士。

亲爱的朋友，若你爱上了这样一位战士，你得明白，自由对他已不再是需要，而是他的世界。

2. 成功男人的渴望

（1）交流。和普通男人一样，成功男人也渴望和异性的交流。不同的是女人心目中的交流多是抽象的，男人心目中的交流多是具体的；女人感兴趣的多半是事情的内容，男人感兴趣的多半是事情的本质。所以交流中，女人多以唠叨见长，男人多以寡言为乐。成功男人更是如此，即使面对女人，他也希望你和他的交流能达到如此水平，即交流不在说什么，而在于听得懂。

（2）理解。和世间所有人和事一样，理解也分高层次和低层次。低层次理解只是一般认同，高层次理解应该是认同加赞美。因为成功男人肩负着更多的沉重和危险，唯有不断地赞美能使他化沉重为轻松，把危险变成你俩共同的事业。

（3）自由。自由是男人的热爱，更是成功男人的渴望。之所以他更加渴望自由，在于这么一句老话："女人在婚姻中得到了自由，男人在婚姻中失去了自由。"自由于成功男人已不仅是需要而且是他的世界，唯有自由能使一个人的潜能发挥到最高极限，而一个成功男人的代名词，正是个人潜能的历练。

（4）力量和柔情。所有女人都知道男人需要柔情，但并非所有女人都理解男人心目中的柔情。或许浅层意义上的柔情可以理解为千娇百媚，但深层意义上的柔情却需要以力量为内在的支撑和律动。尤其对一个成功男人，再没有比女人的力量更动人的柔情了。尤其在成功男人落难之际，饱含力量的女性柔情不但是男人的避风港，更是他立于不败之地的信念。

❀ 不求最好，只求最合适

人们经常看到这样一种婚姻现象：一个看上去极帅的丈夫身边却走着一个相貌平平的妻子，美丽的窈窕淑女却依偎在一个平凡的丈夫身边，精明能干的女经理嫁给了老实巴交的小学教师，才华横溢的男作家终身与一个普通女工为伴……

这样的婚姻组合有些令人吃惊，但最令人吃惊的是，那些看上去似乎不般配的夫妻，居然能过得很幸福美满，能白头偕老。这是为什么呢？原来全部的奥秘就在于他们有这样一种心态：也许我不是最好的，但，我是最适合你的。

什么是爱情？哲人说，爱情就是当你知道了他并不是你所崇拜的人，而且明白他还存在着种种缺点，却仍然选择了他，并不因为他的缺点而放弃他的全部，否定他的全部。

如果有这样一个人，他在你的心目中是绝对完美的，没有一丝缺陷，你敬畏他却又渴望亲近他，这种感觉不能叫作爱情，而是崇拜。崇拜需要创造一个偶像，而爱情不需要，爱情是真真切切地能够用手触摸、用心体会的。

每个人都希望自己的情侣是最适合自己的。纵然你是仙女下凡，但对方若是自视消受不起，也只会对你敬而远之。成熟的人不是找那些最好的异性作为自己的终身伴侣，而是寻找那些"最适合我的"结为终身夫妻。许多在选择中"落选"的男女，一多半原因就是他们的"不合适"，而并非是因为

Chapter 7 恋爱时不折腾，结婚后不动摇
——破解女人幸福一生的密码

他们有什么不好。

"男怕入错行，女怕嫁错郎"。女人不一定非得嫁一个优秀的成功男人，但要成为一个幸福的女人，一定要嫁那个最适合自己的男人。但自古以来，女人的名字就姓碰，缘这个东西，也常常让痴男信女在滚滚红尘、茫茫人海中碰来碰去，免不了碰得头破血流，于是乎，离婚便司空见惯，世间多少女子几度在围城内外苦闷、徘徊、彷徨、冲杀……皆源于终生寻寻觅觅也未觅得天下最适合自己的那个男人。

其实，最适合自己的那个男人，不一定是优秀成功的男人。虽然不是所有男人"有权就来钱，有钱就变坏"，但钱、权与婚姻幸福指数并不是成正比的关系。但这个最适合自己的男人，在女人眼里必是有魅力的男人。他也许清贫了点儿，但他身上散发出的成熟稳重的男人气息，不贪别人的拥有，只求自己执着的追求，不以物喜、不以己悲的淡定从容让女人深深着迷，那种潜质和内在魅力，才是女人应珍视的。这种男人，不需要罩一层虚荣的"成功"男人的光环。

了解自己对情侣的适合性，会使你有超越自身的优越感。想想看，当你确知你的情侣期待的是一个相貌平平但心地善良的姑娘时，你还会担心自己的容貌吗？假如你恰好有一副善良的心肠，哪怕他周围美女如云，你也会充满自信地告诉他：我是最适合你的！同时，了解情侣对自己的适合性，也可使你及早从沉迷中苏醒过来，从而避免一个不幸婚姻的产生。

徐佳宁是一位漂亮迷人的姑娘，她曾经十分迷恋一个长期在外面跑业务的男同学，他们有过一段很甜蜜的时光。渐渐地，徐佳宁对他们的感情产生了不安，她男朋友因为谈业务经常去各地出差，一去就是一两个月，根本顾不上家里的事情，而她也无法忍受家常便饭式的分离。她希望过那种平平淡淡、朝夕相守的日子，希望早一天当上妈妈，她跟朋友谈起来的时候经常说的就是："即使他为了我们之间的感情不再到处跑来跑去，我俩今后也未必幸福，那会使我时常有一种有负于他的歉疚感。"这个美丽的

姑娘就道出了恋爱交往中的一个至理名言：情侣交往的最佳境界，是各自保持自我的完整。

怎样才能使你从一踏上爱的小船时起就不失去自我？办法只有一个：选一个最适合你的，然后真心地去爱这个人。

寻觅那个最适合自己的男人，切记不要只把眼光盯在他的身高和脸蛋上，因为这往往会因一时赏心悦目的浅薄无知换来终身的一失足成千古恨。

也许你是一个泼辣能干的白领，但，不适合当他的妻子，因为他喜欢温柔安静的女人；也许你是一个学富五车斯斯文文的学者，但，却不适合当她的丈夫，因为她喜欢雷厉风行、幽默风趣的男人。两个优秀的男女组成了一个伤心的家庭，一对平平常常的异性却能拥有一个幸福的婚姻。其实，与最适合自己的人过日子绝对是平淡幸福的，但你一旦阅人无数后，还得由衷地赞道："最适合我的男人，还是数他最好！"

恋爱是浪漫的，但婚姻是现实的，而且是需要几十年生活在一个屋檐下同甘苦共患难的，因此只有生活在最适合自己的爱人身边，才会感到找到了归宿一般安心，才会有自我价值被肯定的成就感。其中的秘诀就在于是否懂得发现两人搭配的适合性。

❀ 做"贤妻"更要做"美妻"

生活中,很多女人婚前还是聪明独立的个体,充满了吸引异性的个人魅力。可步入婚姻后,有了丈夫,就没了自己,以为自己被固定在既定的婚姻中,就不需要再费尽心思顾及丈夫的眼光了,变成了丈夫的附属品。婚姻中的若干琐碎将她们原本棱角分明的个性磨得面目全非,而他们丈夫的眼睛,却从来没有停止对"美好事物"的猎取。

有的女人在婚姻的前几年保持着对丈夫的吸引力,可日子越往后过,丈夫越不关注她们。也就是说,他们碰到了"婚姻之痒"。婚姻之痒的出现,说到底是夫妻双方的吸引力消失。要避开婚姻之痒,妻子需要提升本身的吸引力,不断创造新鲜感,给自己的丈夫一种美好的心理感觉,即做"贤妻"更要做"美妻"!

孔子曾经说过:"吾未见好德如好色者也!"歌德说:"不断升华的自然界的最后创造物就是美丽的人。"人类最热爱,感到最亲切、最能触发创造激情的视觉对象就是美丽的人。

美是爱情"亲和力"的一个因素。漂亮的女人首先能得到男人的好感,引起人们的遐思,让人第一眼就能产生很好的印象,而这也正是漂亮女人们与生俱来的资本。

虽说男人找妻子并不都以相貌、身材为标准,但不可否认,女人的姿色对男人来说,是一种很强的吸引力,很多男性都坦言自己喜欢与漂亮的女

人交往。

古语说"女为悦己者容",对女人来说,爱美是一种积极的表现,至少说明她们对生活充满了希望,希望得到男人的关注和赏识,她们有一种积极的生活态度。现代的女性说,"女为己悦而容",打扮自己,让自己随时随地从容自信,让自己开心,也让别人舒心,何乐而不为呢?

结婚之前,没有一个女人能想象到自己在岁月中会慢慢熬成"黄脸婆",她们不想让男人看到自己老去的痕迹,更不想让男人看到自己糟糕的形象。可实际上,很多女人一旦结了婚,无形中不再是以前清纯可爱、羞涩文雅的她了,而是变得节约,她们不再购买漂亮的衣服,不再购买昂贵的化妆品,有时还把自己弄得蓬头垢面。

的确,女人因为结了婚而疏于打扮,因为生孩子而让自己的身材走形。结婚前素面朝天能吸引男人,是因为那时候有"年轻"作为资本,但是结婚后无情的岁月和烦琐的家务,使女人的青春在不知不觉中消失殆尽。女人的牺牲或许能换来丈夫的爱,但也有可能换来丈夫的背叛,那些变了心的丈夫们几乎都会用"黄脸婆""合不来""没有情趣"等词来形容在家中操劳的妻子。

因此,女人千万不要相信了丈夫的那套"即便当你美丽不再,我也不会嫌弃你"的谎言,而从此不修边幅,安心在家相夫教子。善良的女人们,不如把自己打扮得更漂亮一点,端庄一点,优雅一点。做个"贤妻"的同时,为什么不顺便做个"美妻"?

所以,不要舍不得花费时间和精力在自己的形象上。一个女人即使工作再忙,家务再多,也要从容去面对。你可以不天天化妆,但必须购置一些护肤品,懂得护肤;女人可以不喜欢逛街,但必须记得给自己添置新装。这样至少说明你还有爱美的动机。

当然除了外在的形象,女人更应该注意自己的内在气质。即使做了男人的爱情"俘虏",也要做个有气质的"俘虏"。女人真正的美丽,是内外兼修的美,是外在与内心和谐统一的美,二者缺一不可,这是任何一个成熟男人所知悉的。

有这样一句话:"世界上没有丑女人,只有不懂得如何使自己美丽的女人。"其实让自己美丽一点儿并不难,去尝试一下吧,你会得到很多的惊喜。

❈ 打江山容易，守江山难

一个即将出嫁的女儿问她的母亲："妈妈结婚后我要怎样经营我的爱情？"妈妈没有说话，她用双手从地上捧起一捧沙子，这时的沙子在手里是满满的。当母亲把双手握成拳头时，沙子马上从每个指缝间撒落下来，最后手中的沙子所剩无几了。此时母亲说："爱情，当你抓得紧紧的时候它往往会跑得更快，反之，它会让你很满意、很幸福。"母亲的话很有道理，夫妻之间很多时候就是这样，你越去强求，就越不能得到。是你的东西不用强求也丢不了，不是你的东西强求来了也会跑掉的。

对于婚姻，有的人觉得婚姻是爱情甜蜜的继续，而有的人却觉得婚姻是爱情的坟墓。同时，有的人把婚姻当做世界上最庄重的事，而有些人却把婚姻看作儿戏。婚姻需要双方共同去用心经营，这样才能让婚姻走得更远、更完美！

现在的年轻夫妻大部分都是独生子女，比较任性。容易以自我为中心，在婚姻中的忍让性、宽容度不够。所以矛盾激化时互相都不肯谦让，而矛盾激化后往往就是草率的离婚。

俗话说，相爱容易相处难。谈谈情说说爱，本就是两个人简单的事，但是婚姻却是两个家庭的事。恋爱时节，恋人之间带着激情，总是极力呈现美好的一面，也乐于美化和包容对方，但真正结婚后，拉紧的神经一下子放松

Chapter 7 恋爱时不折腾，结婚后不动摇
—— 破解女人幸福一生的密码

下来：我们是夫妻了，是自己人了，不必再时时害怕失去了，所以可以坦然做自己了。于是，彼此的本性慢慢显露，度过最初的新婚新鲜期后，夫妻双方就会进入磨合期。明智的、成熟的人会安然接受这个过程，并努力同心度过这个阶段，这样换来了婚姻和爱情的稳固。反之，对婚姻认知不当、心理承受能力低的人一进入婚姻磨合阶段，就会感到绝望，觉得婚姻和自己所期待的不一样，婚姻让爱情和心爱的人变了质，灰暗的心理之下产生负面的思维，促使婚姻走向解体。

除了夫妻之间的相处磨合，婚姻还牵涉与对方家庭成员的相处。比如说婆媳关系，自古是就难题，更何况还有彼此家庭观念和价值观念的磨合，最初总是艰难的。陌生的人总是需要时间去相互了解、相互学习爱对方，从中找出相处之道，这一过程是漫长的，需要一颗安然接受的心和积极的态度，如果一遇挫折就放弃，婚姻就会脆薄如纸了。

难道是因为婚姻已经没有了感情基础吗？难道是曾经的爱人彼此不再深爱对方了吗？不！我们的骨子里还有着中华民族的传统美德。"家"还是许多人难以舍弃的"港湾"。

既然这样，为什么又会有那么多人舍家而去、劳燕分飞呢？这大概源于我们对婚姻生活的一种错误认识。以为婚姻就是居家过日子，"男主外，女主内"是婚姻生活的一种基本模式。以为婚姻就是放弃自己的私生活，围着"家"这个小圈子转圆就行了。

其实，恋爱需要投入，婚姻更需要经营。恋爱需要浪漫，婚姻更需要在平凡中点缀；恋爱需要理解，婚姻更需要宽容。婚姻不是一桩买卖，但也需要像生意一样去经营。当爱情走过热恋到达婚姻殿堂的时候，那些炽热的话语、亲密的语言、相互的神秘正慢慢消逝，取而代之的是再平凡不过的小日子了。

一个家庭就是一个爱情银行，这个银行既可以男人做董事长，也可以女人做董事长，是蒸蒸日上还是濒临破产，要看两个人如何经营。只要两个人悉心呵护，这个银行的资产就会逐年增长。反之，就会越来越枯竭。而经营

爱情的秘诀在于不断储蓄。无论是达官贵人还是工薪阶层或是下岗待业，无论是新婚燕尔还是老夫老妻，都不可小觑对爱情的储蓄。即使是结婚时互不了解，只要多存入少支取，也能积累出一笔财富。即使是结婚时如漆似胶、轰轰烈烈，如果入不敷出，老本儿也会被坐吃山空。

百年企业需要走好每一步，百年夫妻更需要走好每一步。储蓄爱情要积跬步而至千里，积细流而成江河，哪怕是一笔小收入也要争取，哪怕是一笔小支出也不要轻易拿出，坚持下去就是可观的财富。特别是面临"路边野花"这样的大考验、大支出的时候，更要慎之又慎。千万别因一时糊涂而让自己的银行破了产，或是被别人兼并掉。

婚姻是来自不同成长背景的两个人的组合，想要长期维持良好的关系自是不易，意见不合也是难免的，但是只要懂得好好经营，每当婚姻亮起红灯时，及时踩刹车，找出问题，进而修缮，不要期待人能十全十美，以饶恕体谅的心看待婚姻关系，也许就不至于到离婚的地步。

曾经有位哲学家说："丈夫只要懂得称赞妻子的旧衣服漂亮，她就不会吵着买新衣服。亲一下她的眼睛，她就会变成瞎子。吻一下她的嘴唇，她就会变成哑巴。"换言之，妻子多称赞丈夫的才能，他就会更加努力工作；温柔地抱他一下，他就不会怒火冲天；吻一下他的嘴唇，他就不会恶言相向。因此用心去经营婚姻中的感情世界，我们就一定能和所爱的人执子之手，与子偕老！